U0324552

济语未来

——同济大学新生院讲演录

◎ 主　编　黄一如

◎ 副主编　单烨　崔莹

同济大学出版社
TONGJI UNIVERSITY PRESS

内 容 提 要

本书以同济大学新生院专业导论课为基本内容，收录了13位主讲人的讲座报告。所有报告均基于工科试验班的大类培养方案，同时结合同济大学的专业结构特点，融合通识教育与专业教育，内容涉及土木、海洋、材料、机械、测绘以及航空航天与力学等领域。本书尽可能保留讲座实境，还原现场的视觉和听觉，以求读者在领略主讲人的学术才华时，也能对同济大学新生院工科试验班的大类培养模式有所了解。

图书在版编目（CIP）数据

济语未来 ：同济大学新生院讲演录 ／ 黄一如主编
.—— 上海 ：同济大学出版社，2019.6
ISBN 978-7-5608-8574-2

Ⅰ．①济… Ⅱ．①黄… Ⅲ．①工程技术－文集 Ⅳ.
① TB-53

中国版本图书馆 CIP 数据核字 (2019) 第 115172 号

济语未来
——同济大学新生院讲演录

主　　编　黄一如　　副主编　单　烨　崔　莹
策划编辑　张　莉　　责任编辑　李小敏
责任校对　徐春莲　　装帧设计　潘向蓁
出版发行　同济大学出版社　www.tongjipress.com.cn
　　　　　（地址：上海市四平路 1239 号　邮编：200092　电话：021-65985622）
经　　销　全国各地新华书店
印　　刷　上海安枫印务有限公司
开　　本　787mm×960mm　1/16
印　　张　13.5
字　　数　270 000
版　　次　2019 年 6 月第 1 版　　2019 年 6 月第 1 次印刷
书　　号　ISBN 978-7-5608-8574-2
定　　价　98.00 元

本书若有印装质量问题，请向本社发行部调换　　版权所有　侵权必究

新生院：宽口径、复合型人才培养模式的先导实验

　　"进入 21 世纪，我国的海洋事业正在经历着一个蓬勃发展的黄金时期。希望同学们进一步增强海洋意识、弘扬海洋文化，走向深海大洋，承担起振兴华夏的伟大责任。"这是年逾八旬的我国著名海洋地质学家汪品先院士在 2018 学年第一学期同济大学新生院"专业导论"高端讲座上，语重心长地对着台下的学生们说的话。

　　什么是新生院？

　　"专业导论"高端讲座因何开设？

　　为什么讲座中有如此浓重的社会责任感和国家使命感？

　　这一切都要从 2018 年 9 月开始说起。

　　2018 年 9 月，同济大学新生院（筹）正式成立，包括"工科试验班"和"少数民族预科班"，首迎 400 多名大一新生和 46 名预科新生。

　　设立"工科试验班"是我校面向"社会栋梁、专业精英"培养目标实施的招生、培养、管理联动改革，是推进人才跨学院、跨专业大类培养的一项重要新举措，旨在强化通识教育的同时，让新生更好地适应和融入大学学习生活，该试验班立足于"互联网＋、新工科、仿真"三大特色，包括土木工程学院的"地质工程、港口航道与海岸工程"，测绘与地理信息学院的"测绘工程"，材料科学与工程学院的"材料科学与工程"，机械与能源工程学院的"建筑环境与能源应用工程、能源与动力工程"，海洋与地球科学学院的"地质学、地球物理学、海洋技术"，航空航天与力学学院的"飞行器制

造工程、工程力学"共 6 个学院的 11 个专业在内。

我们希望通过新生院这一平台，探索突破囿于专业培养的思维定势，打造宽口径、重交叉、复合型的创新人才培养模式。一方面是为了逐步构建具有同济特色的本科阶段通识教育体系，另一方面也是为了促进现有的传统专业的内涵升级改造。第一学年由新生院对工科试验班学生实施统一教学与管理，开展大类通识教育；第一学年末，学生可结合个人专业兴趣确定主修专业，进入各学院进行专业学习。

作为招生、培养、管理联动平台的新生院，2019 年也将成为我校全日制本科生规模最大的学院。学校通过新生院的运作，探索其管理体制、机制建设。在实验阶段，本科生院拔尖创新教学中心承担新生院综合管理办公室的职能，教务管理办公室采用各学院教务员抽调轮岗的方式，学工部从各学院借调多位优秀辅导员负责新生院的学生工作，导师和班主任则由各学院派出。

2018 年 9 月到 2019 年 7 月，对于新生院的 400 多名同学来说，是一段充实而又多彩的大学新生活。新生院青年学子积极向上、奋发有为的精神面貌，越来越自信的笑容，以及优良的班风院风和活跃务实的学风，带给老师们一次次惊喜和欣慰。

校领导曾说过："新生院第一学期围绕新生教育的特点，以学生为本，在整合资源、创新管理机制体制、建设特色课程等方面做出了一系列特色探索，为学校即将推进的全校范围的大类招生、培养与管理的联动改革进行了前期试验和尝试，积累了可借鉴的经验。"

"专业导论"高端讲座是专为 2018 级工科试验班的新生量身打造的必修课程，每周三第 7 节和第 8 节课开讲。由土木工程学院、海洋与地球科学学院、材料科学与工程学院、机械与能源工程学院、测绘与地理信息学院、航空航天与力学学院共同参与。采用系列讲座的形式，所邀请的主讲人均为在相关学科专业领域颇有建树的学者大家或业界翘楚。

前文提到的汪品先院士就以"人类与海洋"为题，深入浅出地为大一新同学们讲述了海洋在人类文明发展中所产生的影响，以及海洋开发在维护国家权益和民族复兴过程中的重要地位，呼吁要进一步强化海洋意识、推进海洋事业发展。

我校兼职教授、中国工程院院士陈勇在讲座中，介绍了如何破解能源环境难题，走创新技术发展道路，勉励同学们要学会从日常生活中发现问题，培养创新精神和观察能力。

Wayz.ai创始人陶闯博士在讲座中，通过道路测量、自动驾驶、海下勘测、三维地图构建等多个方面，介绍了测绘地理信息的发展方向与未来机遇，分享了自己的职业感想，希望同学们用勤奋和毅力在自己所选的学科做出成绩。

院士、杰青、企业总裁纷纷走上讲台，他们既立足专业，为工科试验班的大一新生们解读国家战略，又跳出专业为新生的人生选择和专业确认给予方向指引。

与"专业导论"课程同步配套建设的，还有11门专业基础课，由各相关学科精心打造，更全面地介绍各专业的学习内容及其发展方向。学生在听完"专业导论"高端讲座之后，自主选择专业基础课。测绘学院刘春、海洋学院周怀阳和耿建华、土木学院周念清、机械与能源工程张旭等教授，以及特邀的水运工程专家时蓓玲、材料专家宋锡滨、人工智能专家王万良主讲了专业基础课。

我们以"专业导论"课程为抓手，积极打造专业通识教育"1+11"的课程链、课程群，给予新生在专业基础学习中更多的导向性和选择性。

"专业导论"高端讲座带给同学们的收获超出预想。《做新时代国家海洋战略中的弄潮儿》《智能城市的未来，如何唱响测绘地理的最强音》《浅谈新材料的出路之一——新型建筑材料》《不局限于地质的当代地质科学与技术》《浅谈国家水生态文明建设》《浅谈建设健康室内热环境的重要性及措施》《航空航天与力学：科学与工程最美的结合》《浅谈新兴能源技术在现代社会的应用前景》《我国海上风电技术的现状与发展前景》……同学们在一篇篇学习报告中展示了对相关学科专业的认知，更表达了未来投身国家各项建设事业的憧憬和决心。

新生院同学对每周二下午、周五下午也格外期待，因为有他们喜爱的能力拓展课程。新生院充分调动了校院两级资源，采取讲座、参观、实习实践等多种形式，通过第一、第二课堂联动，开设了丰富多彩的能力拓展课程，作为培养方案的有益补充。特别值得一提的是，拓展课程注重基于大一新生的实际需求，从产业的角度进行专业选择的引导。

华测导航公司、上海飞机设计研究院、同济大学临港基地，以及自然博物馆能源系统、佘山天文台、隧道博物馆、青草沙水库、常熟虞山等地，留下了新生院同学们兴致勃勃参观的身影，由此也激发了同学们对相关专业的兴趣。

"参观了华测导航公司，我对学习测绘这个专业之后从事什么工作内容有了比较直接的了解。"郑晨恺同学说。

新生院还有意识地利用学校资源，拓展学生的国际视野。与联合国环境规划署—同济大学环境与可持续发展学院合作，让学生与联合国难民署驻华代表面对面共同探讨全球发展与难民问题。为新生院学生量身定制并选拔出13名学生参加"2019年寒假硅谷圣何塞州立大学工程科学入门项目"，基于圣何塞州立大学的顶尖师资，以当今在硅谷运营的科技公司为背景，引领学生初步了解人工智能和大数据的相关入门知识。

2019年3月，春风送暖，和平路河畔细柳吐绿，水面波光粼粼。3月29日中午，河畔搭起了11座白色小房子，这里音乐阵阵，人头攒动。"同撷新知，济梦未来"学术嘉年华活动在此举办。学术嘉年华主要由"专业博览会""专业宣讲会""实验室开放日""线上逛专业"四个板块组成，全面展示新生院11个专业的风采。新生院专业宣讲会面向本科生开启，绚丽的展板、纷呈的新媒体宣传展示和琳琅满目的专业仪器，各个学院研究生、博士生、骨干教师，连院长都亲自上阵，展开专业宣讲，对即将选择自己学术方向的新生院一年级本科生介绍专业，解疑答惑。

"我想学飞机设计，不知道这个专业前景怎么样？"

"我学大土木的，如果到你们专业来，还要学哪些科目？"

"我对地球物理学感兴趣，但是不知道将来要做研究还是去做工程？"

在现场，每个展位都围满了咨询的同学，有的同学还带着家长一起前来，宣讲工作人员一一解答了他们的问题，忙得不亦乐乎。

在开幕式上，副校长雷星晖教授对同学们提出期望。希望同学们按照兴趣选择专业，因为兴趣是专业学习的推动力；他举例同济校友在各行各业的奋斗史指出，一次选择并不能影响终生，年轻人始终有选择的权利，梦想的道路上更靠脚踏实地的奋斗。

雷教授的期望，也正是我们对新生院 400 多名同学的期望，专业是窗口，应该让学生看得更高更远，不应该成为禁锢视野与知识的屏障。在新生院打开多扇窗，总有一扇窗的风景值得驻足。

目 录

汪品先
同济大学海洋与地球科学学院

人类与海洋

汪品先，我国著名海洋地质学家，中国科学院院士，同济大学海洋与地球科学学院教授。专长为古海洋学和深海地质，主攻气候演变和南海地质，致力于推进我国深海科技的发展。曾获国家自然科学奖，国家教委科技进步奖，中国科学院科技进步奖，何梁何利科技进步奖，亚洲海洋地质奖以及欧洲地学联盟"米兰科维奇奖章"等奖项。

大家下午好！我今天讲的，要跟你们原来概念里的海洋有点不同（图1）。左边是你原来概念里的海洋，从上往下越来越深，越来越暗，对吧？但是这张图是错的，正确的是右面这张图，下面全是黑的，大概100多米之后肉眼就看不到光了，200米以下就没有光了，一片漆黑。世界上的海洋平均约3700米深。3700米是什么概念呢？南京路步行街是1000米，你想想看吧，三条半的南京路步行街，把它竖起来就是海洋的深度。这么深的海水，只有上面200米有光。

差不多95%的海洋是黑暗世界。

今年5月我参与了南海的深潜考察，感受很深。我坐着"深海勇士号"潜入海里，先看到的是气泡，然后就是"海雪"。海里面永远在"下雪"，其实就是大批死的和活的有机体向下掉。我第一次下潜到海底的时候，一个兴奋点就是碰上了深海生物群。这是两种生物群，一种是冷泉贻贝群，冷泉

浅层 　200 m
中层
　1000 m
深层
　4000 m
深渊层

图1　海洋深处的两种表达

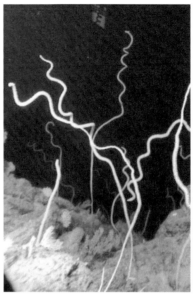

图 2　冷泉贻贝群（左）和深水珊瑚林（右）

就是所谓的可燃冰。还有一种是深水的珊瑚林，这是西沙群岛的海底，1400米左右深吧（图 2）。这个像鞭子一样的珊瑚，比人要高多了，如果把它拉直大概 5 米长，这么高的一根杆在海里面摇摇晃晃，吃"海雪"带来的微体小动物。这使我大开眼界，那次我出来后，记者追着我问看到了什么，我说爱丽丝漫游仙境啊，真的像仙境一样，因为我没想到海底有那么热闹。但是你想一想，这些东西永生永世在黑暗里面，深潜器不下去照亮它，没有人看得见。所以我告诉大家两个海洋，一个是你知道的海洋，一个是你不知道的海洋，今天主要讲后者。

一、人类进入海洋的历程

人是一种陆生动物，海洋一直被认为是人类社会以外的另一个世界，往往跟神话连在一起。明朝的《天工开物》里提到"没（mò）水采珠"，就是屏住一口气下到海里，取出海珠赶紧出来，也就几十米深，不过那也是本

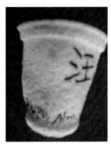

图3 被放入深海前后的泡沫杯子（左为之前，右为之后）

事很大很大的人才能做到的。到今天，日本和韩国还有海女这种古老的职业。深海的水压很大，这是我潜入深海前签好名的一个泡沫杯子，到了深海后就变成了这个样子（图3）。美国在1930年发明了一个金属的潜水球，人钻在那个球里，先下到200多米，后来下到了900多米，当时轰动了美国。后来瑞士的一个工程师也设计了一个深海潜艇，他让他的儿子跟一个美国军官下到了10000多米的马里亚纳海沟，世界上最深的地方，他们到海底待了20分钟就上来了。但是他们这个技术是只能上下、不会走动的，就是下去以后待了一会儿就上来了。而我们现在的"蛟龙号""深海勇士号"是可以走的，这个差别很大。詹姆斯·卡梅隆是个电影导演，《泰坦尼克号》和《阿凡达》是他拍的，这个导演的业余爱好就是潜水。他集资打造了一个7米长的深潜器，2012年自己一个人下到马里亚纳海沟。2013年，中国也开始了"蛟龙号"科学应用航次。非常高兴的是，2013年"蛟龙号"第一次科学航次是同济大学周怀阳教授主持的，他下潜到了南海，后来又下潜到了西南印度洋。所以同济大学在这方面还是蛮风光的。

　　世界上现在有两大类深潜器，一类是载人的，一类是不载人的。载人的就是我刚才讲的"蛟龙号"和"深海勇士号"，还有美国的"阿尔文号"等。

世界上只有 5 个国家有载人深潜器。更多的深潜器是不载人的，我国也已经发展，在深海探测中应用。

16 世纪哥伦布航海发现新大陆，是人类历史上一个重要的转折，但当时的航行都是在海面上，没有人想过海底下是什么，因为它的目的不是海洋本身，而是要跨过海洋，从欧洲跑到非洲去抓奴隶，跑到墨西哥去开采银子。

今天人类进入海洋的方向变了，如果说 16 世纪是在平面上进入海洋，那今天就是在垂向上进入海洋，进入海洋的深处。16 世纪以前，人类不知道海洋有多大；20 世纪晚期之前，人类不知道海洋有多深。现在我们知道了，世界上陆地是次要的，海洋是主要的。浅海是海洋的边，深海才是海洋的主体。

海洋经济的重心也开始下移了。人类一直想到别的星球上去开发，其实不忙，先把地球上 71% 面积的海洋试着开发开发。从前主要是海面和海边的鱼盐之利、舟楫之便，现在都推到后面去了。海洋油气占到海洋经济的 34%，这个变化是非常大的。但中国的海洋经济跟世界比差距还很大，其中差距最大的还是海洋石油。

同时要告诉大家，实际上海洋经济有很大的不确定性，因为人类刚刚进到海里时，真的有太多不知道的。比如深海锰结核发现几十年，至今还没有成为产业。对于未来深海产业、海底资源的开发前景，我刚才说 16 世纪人类在横向上进入海洋，21 世纪在垂向上进入海洋，这个垂向进入海洋的后果我现在不敢讲，因为未知因素太多，但是大方向是肯定的。同济的海洋学科起步比较晚，但一开始就找了一个跟别人不同的方向——我们一开始就往深海走。

二、海洋开发和权益之争

海洋开发和权益之争是当前政治经济上的一大热点，其中一个原因就是我刚才说的，海洋是地球的主体，陆地不是。60% 的地球表面是超过 2000 米的深海，所以地球实际上主要是深海。那么你要问了，为什么地球上会有这么大的深海？我的回答很简单，地球的地壳有两种成分，一种是花岗岩组

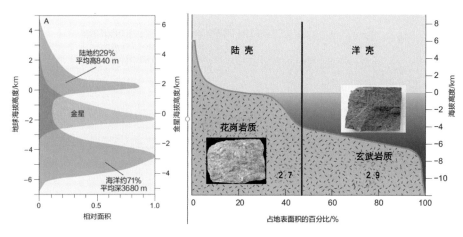

图 4 地球上的大陆壳和大洋壳的分布

成的，像泰山那种，一种是玄武岩组成的，像济州岛那种，黑色的。玄武岩的比重大概是 2.9，花岗岩的比重是 2.7，就是这 0.2 的差别造成了地球的表面有两个平均的高峰，一个高峰在 800 米，一个高峰在差不多三四千米，而这两个高峰的横坐标就区隔开了海洋和陆地（图 4）。

所以海陆的真正界限不是海水，是岩石。

像金星上最高的峰就很平均，因为没有地球这两种不同的地壳，所以不会有两种不同的高度。因此地球应该叫水球，而且宇航员到了天上也非常骄傲，回来说所有的星球里最漂亮的是地球，因为是蓝色的。

但对于地球这个水球的底下，我们了解得太少了，因为隔了 3700 米深的水，遥感技术不好用了，不可能穿透 3700 米去给海底做地图。我们甚至可以用遥感技术拍火星表面，但没法拍海底，因为 3000 多米的海水把能量全部吸收掉了。

人类对海底的了解还不如月球，甚至还赶不上金星和火星，的确很惭愧。

怎么办呢？要有设备，"二战"后设备发展得很快。1977 年，世界海洋科学界就发生了一件大事。美国的"阿尔文号"载人深潜器下到了太平洋的加拉帕哥斯（Galapagos）海域。加拉帕哥斯在东太平洋的大洋隆起带，那次下去之后一直往下走，发现海水越来越热了。同学们可能没有这个体会，

图 5　海底热液

海水是越往下越冷的，变热可不是闹着玩的，因为所有的海洋设备都是防冷不防热的。没想到下面还会变热，如果到一定温度，深潜器的外壳可能都保不住了。到达加拉帕哥斯海底以后，发现了热液，就是所谓的黑烟囱，那不是烟，还是水，有一股水往外喷。因为这里的水温是 300 多摄氏度，比重比较轻，所以一直往上跑，还带有很多金属硫化物，像硫化铁、硫化银、硫化铜什么的，一股黑水往上喷，看起来活像一个烟囱（图 5）。在这个旁边还生长着一些人类从来不知道的生物，像管状蠕虫。这些蠕虫全靠一肚子的硫化细菌来提供营养，这是一个惊人的发现。那这又说明了什么呢？地球上有两个食物链。我们吃的和见的都是有光食物链，还有一个黑暗食物链。

还有，原来海洋是双向运动的。从前以为"泥牛入海无消息"，什么东西掉到大海就完了，现在发现不是的，海底的物质也会返上来。总而言之，地球内部我们知道得太少了，不说别的，连海底有多少火山，我们都不知道，有人推想，上千米高的就有十万座。

跟着深海探索发展的就是海洋产业。既然发现了这些热闹的东西，当然就有产业了。我刚才讲的海洋经济的重心下移，实际上就是深海产业在发展。我念书的时候就听说过锰结核，到现在都没有开发。但我们这两次在南海下潜都发现了锰结核、结壳，很让人高兴。锰结核在太平洋里最多，但开发是很难的。你想想看，锰结核就像很重的铁疙瘩，这么一个一个疙瘩要从5000米深的海底拿到海面上来，多难啊。还有可燃冰，冰怎么可以燃呢？原因是冰的水分子里面锁住了甲烷分子，冰一化，甲烷就可以燃烧了，世界各国都在做这个。一个好消息就是2017年5月我国在南海试采成功。欧洲人还有一招，把可燃冰开采出来之后，把二氧化碳再灌进去，塞到冰的水分子里去，这样一来，一举两得，既把甲烷拿出来了，又把过多的二氧化碳塞回海底下面去。再比如韩国人从海水里提炼金属锂，金属锂是充电电池的主要原料。

我们海上的任务也非常重，特别是今天。如果说以前海上是靠军舰，现在大部分是要靠科技，如果科技上不去，就只能"望洋兴叹"。中国实际上16世纪以后海上一直是吃亏的，到20世纪我们都没有醒过来。这些年对海洋非常重视，海上投入也比较大，包括我们同济，现在这些海洋学科的专业发展也非常快，需求也非常强。

三、世界两大文明的碰撞

世界上有两种文明，海洋文明和大陆文明。大陆文明是以农耕为基础的，海洋文明是以航海、商业为基础的；大陆文明是内向的，海洋文明是外向的；大陆文明主张保守、继承，海洋文明主张开拓、冒险。在古代，这两种文明一个是以我们华夏文明为代表，一个是以爱琴海的希腊文明为代表。我们的华夏文明比较缺乏海洋因素，世界上古文明的起源都在大河流域，从黄河流域、印度河流域到伊朗伊拉克那边的两河流域和尼罗河流域，唯独爱琴海是个例外，当然爱琴海比较晚。

华夏文明是一种农业文明，人类最早期是狩猎、采集的，新石器时代开始了农业革命。从狩猎的经济发展到定居下来的农业经济是一个大革命，这个革命不是发生在欧洲，而是发生在亚洲，是两河流域的农业发展之后，再到欧洲去的。所以地中海文明是后来的，但它后来居上了，从狩猎文明直接发展到海上文明了，所以欧洲第一个城市不在欧洲大陆，而是在希腊南边最大的岛——克里特岛上。当时雅典文化跟斯巴达文化发生战争，在海战上雅典占优势，原因就是雅典在岛上，有 3 层桨的战船，170 个人在划船，速度可以像现在的轮船那么快，一下子就把敌人打败了。

中国文化跟西洋文化一直分隔在两边，这就造就了我们的独特性。大陆文明和海洋文明本来是并列发展的，16 世纪后海洋文明走向了全世界，到 19 世纪开始，两个文明碰撞，我们被打败了。这就是我们中国的近代史，从鸦片战争开始到甲午海战，一直到淞沪战争，都败在海上。

从 19 世纪开始中国一直败在海上，而 21 世纪要翻身也必须在海上，没有别的选择。几百年来海洋成了中国一条软肋，如果要站起来，华夏文明一定要加强海洋文明，其中一个重要问题就是增强海洋意识。

我们是在黄土地上发展起来的民族，是不是就该忽视海洋呢？现在看来完全不能这样。希望同济能够在这方面对国家有所贡献，也就是在大陆文化和海洋文化结合当中有所贡献。这个贡献不仅是海洋本身，而是涉及整个国家的民族性格。因为大陆性格和海洋性格不一样。我刚才讲了，大陆是内向的，海洋是外向的，大陆要求稳定；海洋要求冒险，我们讲究家族，而海洋文明追求个人。"父母在，不远行"，这是农耕的要求。当时朱元璋说，"四方诸夷，皆限山隔海""得其地不足以供给，得其民不足以使令"，就是说有些岛屿当时想归到明朝来，皇帝不要，说这有什么用啊，你这个地我们根本看不上，你的人民我们也看不上。英国派了一个大使到清朝来，跟乾隆皇帝说咱们两家通商，结果为了要不要下跪吵了半天，最后一条腿跪下来跟乾隆皇帝讨论。乾隆皇帝说，我天朝物产丰盈，无所不有，跟你有什么好交往的。我们这种长期以来没有把海洋文明放在眼里的态度，一直持续到打仗我们输掉为止。

海洋文明在科学上也有极大的贡献，特别是英国的海洋文明。很多学科都由英国人创造，这不是偶然的。英国怎么能创造出这么多学科来呢？竺可桢当时就讲过，中国这么发达为什么没有产生自然科学？中国是一个大陆国家，但故步自封。我的一个朋友，同济的名誉教授许靖华，原来是瑞士苏黎世联邦理工学院的系主任， 1994 年退休时做了个报告，题目是"为什么牛顿不是中国人"，也就是问为什么现代科学的创始人牛顿没有出在中国。他的回答包括多种原因，比如科举制度，其中的一个原因就是大陆文化，阻碍了科学的发展。大陆文化有优点也有缺点，非常值得我们全民族的反思。

16 世纪人类从平面上进入海洋，但目标是海洋的对岸，而不是海洋本身。20 世纪末到 21 世纪，人类在垂向上进入海洋，开发深海。16 世纪中国背道而驰吃了亏，现在应该抓住这个机会。以前我们自己放弃了历史的机遇，现在我们绝不能再次放弃。

四、振兴华夏的软实力

发展海洋是中国实现华夏振兴的必由之路，没有第二条路。拿破仑说过，中国是一头睡狮，只是别把它吵醒了。现在它醒了，醒了以后狮子干什么？我们自己要非常明白，而且不光要知己，还要知彼。好多年前，一个德国朋友送给我一本书，当时还没有翻译成中文，基辛格写的《基辛格论中国》。这本书最后的尾声里写的是："历史会重复吗？"基辛格说 20 世纪时英国和德国对抗，21 世纪他认为美国要和中国对抗了。他把德国说成内陆国家，二战以前的德国确实海洋不强，英国却是个海洋国家。现在说中国是个内陆国家，美国是个海洋国家，这个历史会不会重复？书里最后还是好话，说这两个国家不会打起来的。

我们现在和当年不同，当年主要靠炮舰，现在更重要的是靠科学，靠高科技的竞争，尤其是深海。比如说北冰洋的冰在融化，于是北冰洋的开发提到日程上来了。有人估计世界上剩下大概 1/4 的石油在北冰洋，于是每个国家都想把北冰洋占为己有。2007 年，俄罗斯在北冰洋把冰打破了，用深潜器潜到 4000 米深的海底，插了一面 1 米高的钛合金国旗，宣扬俄罗斯的主权。然后加拿大的外交部长马上发表声明抗议，说国旗插到哪里，疆域就到哪里的时代，几百年前就过去了，你插了也白费力气。不过俄罗斯人也反唇相讥，说有本事你也来试试。

中国要向深海进军，就必须具备三大技术，可以叫作"三深"：一是深潜，包括载人的和不载人的；二是深网，在海底铺观测网，等于把实验室和气象站放海底；三是深钻，就是大洋钻探，这三样就是同济大学探索深海的依靠。

先从深潜讲起，近来南海三个深潜航次，一次是2013年的"蛟龙号"科学试验，一个是2018年的加拿大"ROPOS"不载人的深潜，一个是我自己参加的"深海勇士号"的载人深潜。再说"深钻"，2018年是大洋钻探50周年，中国大洋钻探20周年。同济非常争气，南海几次大洋钻探差不多都是同济人在主持。2007年同济大学百年校庆，当时的总理温家宝和市委书记习近平就来参观大洋钻探的成果。中国大洋钻探的国际地位在升高，目前的大洋"战争"是三家主持的，美国、日本和欧洲。我们觉得，三条腿的凳子不太稳，应该有四条腿，这第四条腿就是中国。我们正在推进中国进一步发展大洋钻探。还有"深网"——深海观测系统，到海底去长期观测，把实验室和气象站放海底，在陆地上接收信息，可以在热液口、冷泉口装上各种设备，长期观测，台风来也不要紧，这项国家大科学工程的设备我们正在做。我们正在进入一个海底观测和海洋科技的新时期，把人跟海洋的关系密切起来。

顺便说几句，同济大学的海洋地质是1972年从华东师范大学搬过来的，在46年的发展中，已经成为中国深海研究中挑重担的单位了。非常欢迎更多的年轻人加入这样的队伍。海洋科学的进展跟中国梦是密切相关的，我们必须迎头赶上。地球科学经过了几次革命，第一次达尔文的进化论是19世纪，当时中国正经历第二次鸦片战争，国家存亡都成问题，谈什么科学革命。第二次地球科学革命是20世纪六七十年代。中国在这两次革命中毫无贡献。但现在，地球科学正在把深海、表层海洋、陆地三者结合起来，面临着又一场科学革命，中国应该在这次革命中发挥更大的作用，这就是我们今天的责任，同济的责任，也是上海的责任。同济大学在上海，上海对于中国海洋有着特殊的责任。外地的同学可能不太知道，上海的市徽当中是一条船，外面是白玉兰。这条船就是当年元朝往北方送粮食的沙船——崇明岛的沙船，开

图6　上海——射向大洋的箭头（黄维　绘）

辟了中国东部的一条航线。如果把长江比作一条龙，上海就是这条龙的龙头，面向东海，所以上海应该是东海的窗口。

如果把中国的海岸线比作一张弓，把长江比作一支箭的话，上海就是射向大洋的箭头（图6）。今天，同济大学有责任也有义务，在上海迎接海洋的新挑战，走向深海大洋。

我的报告完了，谢谢大家！

黄 雨
同济大学土木工程学院

面向绿色可持续发展的
城市地质环境科学与工程

黄雨，同济大学土木工程学院教授、博士生导师，教育部长江学者特聘教授，国家杰出青年科学基金获得者。主要从事地质工程专业的教学与研究，曾获得上海市育才奖，被评为上海市优秀博士学位论文导师等。国际地质灾害减灾联合会（ICGdR）荣誉会士，兼任 *Engineering Geology* 等四本国际学术期刊编委。

各位同学，大家好！非常高兴能有机会代表土木工程学院做这个专业导论的第一次讲座，前面一二节课我刚给土木工程学院土木工程专业的学生讲了专业导论。相比于对一个学院、一个专业的同学讲导论，给我们新生院的11个专业的同学一起讲导论的挑战性会更大些。所以，希望通过今天的介绍，尽可能让大家了解我所在的地质工程专业，帮助大家判断和考虑自己的兴趣和未来想做的事是不是与这个专业具有一致性，并选择自己真正感兴趣的专业。时间有限，如果讲得不太清楚，欢迎各位同学来跟我探讨，也欢迎各位同学跟我们学院的其他老师进行探讨，目的就是一个，希望大家能找到一个合适的、满足自己需求的学习环境。

下面，就开始介绍。介绍的标题是"面向绿色可持续发展的城市地质环境科学与工程"。为什么起这个标题呢？如果我在土木工程学院作介绍，那很简单，就是地质工程专业介绍，但是在新生院不能这样，因为我需要把这个专业的特点、内涵尽可能简洁地通过一个标题来体现。希望大家看到这个标题以后，大致能知道我们这个专业的工作内容。

首先，标题的核心就是"地质环境科学与工程"。这是一个大的概念和对象，跟城市地质环境相关，是地质工程主要的研究对象。关于前面这个"面向绿色和可持续发展的"，是想告诉大家，我们是工科试验班，那我们的"试验性"体现在哪里，与传统的专业又有什么区别。如果一个标题不能太长的话，我会选择"绿色和可持续发展"，把它作为这个专业的主题词来给大家作介绍。为什么是"绿色"呢？我们国家的五大发展理念（创新、协调、绿色、开放、共享）中就包括"绿色"。为什么要"可持续发展"呢？这是生态文明建设的要求，是人与自然和谐相处的要求。所以标题的内涵主要有两个方面：一是告诉大家这个专业大致的工作内容，就是解决城市地质环境的科学与工程问题；二是作为工科试验班，它的试验点在哪里，在新时代下它"新"在哪里，主要就是绿色和可持续发展，这是服务于国家和社会发展的需求的。

下面，我就通过三个方面来介绍。第一个是专业背景，第二个是专业内涵，第三个是同济特色。因为在座的都是我们同济大学新生院的同学，所以对同济地质工程专业特色的了解也是必不可少的。

一、专业背景

为什么会有地质工程这个专业？从历史角度来讲，我们这个学科的产生非常久远。人类为了生存发展和提升生活水平，不断进行一系列不同规模、不同类型的活动，叫人类活动，它涵盖了农、林、渔、牧、矿、工、商、交通、观光和工程建设等各个方面。人类活动中有一项非常重要，即人类的工程活动。人类工程活动有着悠久的发展历史，古老得不知该从何处去找寻它的渊源。大概从人类诞生的那一天起，工程活动就陪伴人类走过蒙昧，走向文明，而它也在人类的进程中被完善、被发展。远古时代，人类开始了掘土为穴、架木为桥的原始工程活动，建筑以其特有的语言形式向人们倾诉着各地区的审美情趣、思想观念等。据研究，在公元前 4000 年—公元前 2000 年的史前时代文化神庙遗址——巨石阵，巨石矗立，外围 90 米环形土岗和沟壑，中间 30 根巨石，上架横梁，巨石高 4 米，重 25 吨；其中还有两块石头的连线指向冬至日落的方向。巨石阵使用的工程材料是天然的岩石，这就是最早的人类工程活动。无独有偶，在公元前 5 世纪的古希腊，曾耸峙着一座巍峨的矩形建筑物——矗立在卫城最高点的帕特农神庙。历经 2000 多年的沧桑之变，如今庙顶已坍塌，雕像荡然无存，浮雕剥蚀严重，但柱廊依然屹立不倒，隐约可见神庙当年的丰姿。帕特农神庙右侧是著名的埃雷赫修神庙，神庙北面柱廊石柱的位置上，有六根人像柱，它们是六个身着古典服装、头顶雕着馒形花饰的浅蓝的少女像，象征着相互理解、友谊、团结和公平竞争的奥林匹亚。这些巍峨的建筑、宏伟的柱廊，饱经历史沧桑却又散发着工程建筑的光芒。该建筑用到的材料也是地质材料。同样，埃及金字塔的建造也是非常标准的与地质工程相关的工程活动，用的材料是土壤和岩石。这些材料是怎么堆筑建造上去的呢？就要靠我们的工程建造方法。直到今天，它还是一个奇迹。

从前面几个例子可以看到，几千年来，在世界各地只要有人类工程活动，就离不开相关的地质工程。我们国家当然也是这样，因为我们是具有悠久历

15

史的文明古国。《史记·自序》中讲到："墨者亦尚尧舜道，言其德行曰：堂高三尺，土阶三等"，这就说明，当时帝王的住所大概高三尺左右，还有三层土阶，按照我们今天的理解，那就是开挖，开挖要三级，这是一个非常标准的工程建设。当然它还有崇尚生活节俭之道的内涵。但是如果仅仅从地质工程的角度来说，那就是在三皇五帝的时候，人类的工程活动就已经离不开地质工程了。

再往后看，公元前212年，根据史书记载，那个时候中国已经有非常大的能力来进行大规模的工程建设了，比如宏伟壮美的阿房宫就是这时建造出来的。

再比如明清时期的北京故宫，那是一个非常庞大的建筑群，东西宽750米，南北长960米，面积达72万平方米。它是怎么建成的？大家如果以后能够更深入地学习地质工程这个专业的话，就可以去重新认识一下它是怎么建成的。那就是以土壤和沙石为基本材料，然后按照工程构筑的方法，一个一个、一间一间、一座一座，构筑而成的，直到现在还巍峨屹立，非常宏伟。这个伟大的工程建设就是我们在历史上完成的。

说了这么多国外和国内的情况，当代世界，当代中国，是怎么看待这个专业的呢？

简单地说，人类的基本需求"衣食住行"中的"住"和"行"，都跟地质工程相关，如果离开它的话，那我们可能都没有办法生活。

在史前文明阶段，可能没有文字记录，但是这些工程都留到了今天。所采用的材料——土壤和岩石，都是地质体。所采用的构筑方法，很多也都延续到了今天。所以这是一个历史非常悠久、非常传统的，而且也是面向人类最基本需求的学科。

正如之前所述，如果要凝练出它在新时代的特征的话，就是绿色可持续发展，这是它的任务，是要解决国家需求的。在今年（2018年）的《政府工作报告》中提到，过去5年，中国的城镇化率从52.6%提高到了58.5%。这是什么概念呢？大家知道今年（2018年）是改革开放四十周年，改革开放之初，我们的城镇化率仅有17.9%，现在我们是58.5%，这说明通过四十年改革开放的不懈努力和建设，靠艰苦奋斗，社会快速发展，完成了 40.6% 的城镇化率。但这不是终点，只是一个中间过程。从数字来看，50% 以上的城镇化率相当于 1851 年的英国，1930 年的美国，1955 年的日本以及 1980 年的韩国。目前美国总体平均城市化率达到 83%，一些都市圈的城市化率已经接近 100%，如果把这个作为参考的话，那我们的城镇化建设仅仅做了一半，也就意味着我们国家和社会发展的巨大需求是客观存在的，未来我们国家的城镇化道路还将经历一个持续发展的阶段，这个阶段就是要满足绿色发展、可持续发展的要求。

大家知道，同济大学素有"与祖国同行，以科教济世"的办学传统。什么叫"与祖国同行"？就是要做的事情、所学的专业，应该服务于国家和社会的需求，与国家的发展、社会的发展同呼吸、共命运，只有这样，才能实现自己的发展。所以，今天国家城镇化建设的高速发展、城镇化的巨大需求，就对地质工程提出了新的要求。

当今社会发展和工程建设碰到的一个问题，可能大家也有所了解，那就是发展模式的问题。过去的发展模式大多是规模化发展，是以比较粗放式的资源投放来实现的，这种发展模式带来了非常多的问题，给资源、环境和生态造成了巨大压力，主要的表现形式就是资源约束不断趋紧、环境污染、生态系统退化、气候变化问题突出以及地质灾害频发等，所以为了更好地解决人与自然的协调问题，更好地实现我们国家的可持续发展，更好地实现高质量的发展，国家提出了要"绿色发展"的理念。这方面工作对于地质工程专业来说非常重要，就是探索如何在工程建设中实现"绿色发展"。

第六次科技革命和第四次产业革命正以前所未有的态势向我们席卷而来，它将数字技术、物理技术、生物技术有机融合在一起，迸发出强大的力量，影响着我们的经济和社会。人类社会即将进入一个新的阶段，这个新的阶段跟我们这个专业密切相关。先从先进制造说起。工业从机械制造时代的 1.0，到电气化和自动化的 2.0，电子信息时代的 3.0，到今天智能制造时代的 4.0，这是这个专业本身发展的时代背景。同时，国家提出要建设生态文明、美丽中国，这是社会发展的要求。因此，我们亟需发展面向绿色可持续发展的城市地质环境科学与工程。

在这样的时代背景下，国家也十分重视"绿色可持续发展"。在《中国制造2025》的国家战略中就提出"创新驱动，质量为先，绿色发展，结构优化，人才为本"的基本方针。这都是跟"绿色可持续发展"密切相关的。大家作为一年级的同学，我前面讲到"与祖国同行，以科教济世"，那我们的选择就应该是国家的方向、社会发展的方向、未来发展的方向。正如习近平总书记在哈萨克斯坦纳扎尔巴耶夫大学的演讲中提到的那样，我们既要金山银山，也要绿山青山。绿色发展就离不开前面提到的城镇化，还包括生态安全，这都是地质工程专业主要面对，或者主要服务和解决的国家重大需求，最终推进我们美丽中国的建设。

二、专业内涵

先问大家一个问题，你眼中的地质工程是什么样的？因为大家到同济大学才第二周，如果让你回答，我觉得你可能会想到这几件事：到野外调查？在工地工作？甚至是不是在搬砖？不是这样的，或者说不仅仅是这样的。*The New Encyclopedia*（1998年第15版）中的英文解释为：Geological Engineering, the scientific discipline concerned with the application of geological knowledge to engineering problems. 翻译成中文就是：地质工程是关注地质知识并应用于工程科学问题的专业。如果把这个定义展开，就是我们教科书中的一个名词解释，地质工程是研究人类工程活动与地质环境之间相互制约关系，主要研究如何获取地质环境条件，并分析研究人类工程活动与地质环境相互制约形式，进而研究认识、评价、改造和保护地质环境的一门科学，是地学和工程学相互渗透、交叉的边缘学科。大家看了以后是不是觉得不是特别好理解？

那我用一个公式来说明：地质工程＝"地学"＋"工程"，相当于用地球科学的知识、地球科学的方法去解决工程建设中碰到的问题。

公元前几千年中国就有了人类的工程建设，但早期的工程建设主要是靠经验，后来有了祖冲之，引入了数学，有了数学以后就可以定量描述。再到后来，在工程建设中引入了力学的概念。到了20世纪，我们就进一步完善了力学、数学知识，积累了工程经验。工程地质专业领域有一位非常有名的学者，叫卡尔·太沙基（Karl Terzaghi，1883—1963），被誉为现代土力学之父，他采用现代科学的方法研究土力学，为工程地质学研究土体中可能发生的地质作用提供了定量研究的理论基础和方法。在此基础上，地质工程也得到了发展，形成了以科学知识、经验、社会知识为基本架构的学科体系。

从最初只有经验主义供我们进行工程建设，慢慢发展到引入数学、引入力学，再发展到将整个科学和社会知识都引入，这样整个地质工程专业从知识结构的角度来理解，就是科学、社会和工程复合在一起的一门技术。这就是我想讲的专业内涵。

再说说专业的新内涵。我前面讲到，在太沙基年代，也就是一百多年前，这个专业的学科基础就已经建立了，但中国现在进入了新时代，对工程建设发展提出了更高的要求，我们要建设生态文明，实现绿色可持续发展，就要解决城市建设中的可持续发展问题，解决城市建设中、工程建设中的绿色发展模式问题，也就必须要引入一些新的学科知识和新的学科内涵，而这些学科知识和内涵都是与当代科学技术的发展密不可分的。

新的学科内涵，除了传统的力学、数学、地球科学之外，还跟生态相关，跟可持续发展建设中的相关学科、新兴学科相关。所以这个学科只要在发展，就会不断融入新的元素。大家如果去看同济大学最新培养方案的话，就会发现相比之前增加了新的课程，还增加了非常多。为什么要开设这些课程，其基本原理就在这里。大家以后学习的话，也可以发现一个规律，前半部分主要是地学、数学、力学和工程学，后半部分都是跟当代科学密切相关的，比如信息科学、材料科学、灾害管理、社会管理等，所以我们学科的知识结构大体上也是要适应学科发展需求的，既有传统的、延续至今几千年的知识理论和方法，同时也要根据国家和社会的需求，不断对专业知识和专业内涵进行更新，更新的内容主要是跟生态发展、绿色发展、可持续发展相关的专业知识和技术。

我们同济大学土木工程学院地质工程专业在城市的工程建设方面做出了非常突出的贡献，比如大家看到的很多标志性的构筑物，都离不开同济土木的参与。我们做过统计，我国城市的地铁工程建设，大多数都有同济人的参与。我国特大跨度桥梁的建造，大多数都有同济大学土木工程学院的贡献，这是我们的传统领域。

1. 城市地质工程

有同学问我说，我们做工程建设的，到底参与工程的什么阶段，哪几个阶段是跟工程师有关的？我的回答就是，只要工程存在，我们都要参与，从工程的选址规划到设计施工，到最后的运营、维护和管理，都离不开我们地质工程师的参与和服务（图1）。

图1　城市地质工程的全过程

为什么这么说呢？因为一个工程就跟一个人一样，都是有寿命的，一个工程的设计寿命可能是50年、70年或者100年。并不是设计完成，这个工程建设完成，服务就结束了，它是一个全过程的、全寿命的维护和服务。所以现代的地质工程也在向养护转变，强调整个工程寿命周期中怎么更好地做好运营，做好管理，做好从勘察设计开始到监测诊断、维护加固和改造的全过程，这是一个新的理念，大家也应该去理解和接受。不是大家想象中的，一个工程师的职责仅仅是在工程建设阶段，在工地上进行规划、安排统筹。后续只要建筑物在它的寿命周期里的事情，都离不开工程师。正如人要去医院一样，工程在自然界中也会老化，会劣化它的承载能力，所以这个时候，地质工程师就要全过程地对它进行服务。

2. 环境地质工程

地质工程中为什么会牵涉环境问题？难道不仅仅是建设吗？不是这样的，因为地质工程等于"地学"加"工程"。什么是地球？什么是地质体？就是土壤、岩石，还有地下水，所以牵涉今天大家经常在新闻中听到的水体污染、地下水污染、土壤污染、场地修复等。这些也是地质工程要解决的问题，我们把它叫作环境工程地质，这是地质工程专业中一个非常重要的方向，对于国家的生态文明建设、美丽中国建设，对于绿色可持续发展的模式，都非常重要。

环境地质工程包括两部分内容，一个是保护，一个是修复。像上海这样的城市，场地修复是一个非常非常重要的命题，现在一个非常重要的工作就是对场地进行评价，尤其是对居住场地、医院、公共用地等进行评价。评价内容包括地下水、土壤等，如果有污染的话必须修复。我们国家高度重视环境保护，2018 年 8 月 31 日，通过了《土壤污染防治法》，自 2019 年 1 月 1 日起施行。

场地修复的对象是污染场地，一般来说，从事生产、经营、使用、贮存、堆放有毒有害物质，或者处理、处置有毒有害废物，或者因有毒有害物质迁移、突发事故，造成了土壤和／或地下水污染，并已产生健康、生态风险或危害的地块，称为污染场地。所以对于工业污染的处理，就是本专业一个重要的研究方向，尤其是在城市建设方面。不仅有工业污染，农业也会有污染，比如说过量的化肥使用也会带来土壤的污染。这对土地改良也提出了要求，污染以后要进行改良，要进行无害化处理，我们把它叫作土体改良。目前首先是要保护地质环境，绿水青山就是金山银山。

3. 防灾减灾工程

人类只要生活在这个星球上，就会面临自然灾害的发生，因此预防和减

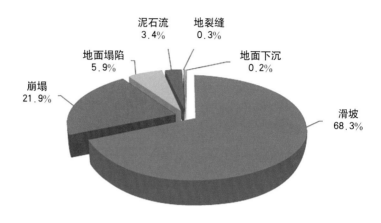

图2 2015年全国地质灾害构成类型

少、减轻这些灾害的发生，保护整个国家和社会，保护人民的生命和财产不受损失，也是生态文明建设中一个非常重要的组成部分（图2）。就上海地区而言，最严重的地质灾害就是地面沉降，我们把它叫作缓变型地质灾害，它给整个城市的发展和安全造成了威胁。那么谁来减轻这些灾害，谁来防治这些灾害呢？就是地质工程专业的人啊，这是我们的责任。大家知道，我们国家的治理体系中有自然资源部、应急管理部等，这些单位就是承担这方面工作的。尤其像北上广深这样的城市，现在用英文单词Megacity来描述，就是城区常住人口1000万以上的城市，就是超大城市。要保障这些城市的安全，确保地质环境在允许的承载力范围内，那防灾减灾工作就非常重要了。一旦防灾减灾工作没做好，就会产生各种灾害，像垃圾填埋场就有可能会发生破坏，所以地质工程是要做防灾减灾工作的。

4. 能源地质工程

能源为什么会成为地质工程关注的对象呢？能源对当今的社会发展有着重要作用。我国当前还是以煤炭使用为主的能源结构，而且很多能源都属于传统能源和常规能源。对于国家的发展和安全来说，必须要有一些新的方法去解决能源问题，而这些能源问题的解决都离不开地质工程。

2017年，中国首次成功在南海试采了天然气水合物（也叫可燃冰），自此，中国成为全球领先掌握海底天然气水合物试采技术的国家，也成为全球第一个实现在海域可燃冰试开采中获得连续稳定产气的国家。其实，试采中就涉及非常多的地质工程问题，因为可燃冰是储存在地质体中的，要开采的话，就必须用地质手段和工程手段来确保安全。油页岩开采的是一个非传统能源，是以前我们开采不出来的，那是在岩石微小裂隙中间的油气资源。现在怎么开采呢？通过新型的比如水力劈裂技术进行开采。把裂缝人工劈裂打开以后，对油和气资源进行采集。而采集中碰到的最核心的问题，就是怎么进行水力劈裂才能把岩石中微小孔隙的油和气的资源给释放出来。这种非常规天然气如果开采得好的话，很大程度上可以解决中国所面临的一些能源问题，更好地服务于国家的工程建设。

还有核能也是这样，从核电站的选址开始就离不开地质工程。

5. 新地质工程

第五个我给它起了一个名字，叫作新地质工程，或者"三深"地质工程。它基本上就是解决国家目前在资源开发、利用和发展方面碰到的深海、深地、深空问题，即"三深"问题。要加强在深海、深地、深空等领域的战略高技术部署，地质工程可以在其中发挥非常大的作用。比如深海工程，这些平台怎么工作，怎么能锚得住、打得稳，都跟地质工程的勘察设计密不可分。

如果你选择本专业的话，以上五个方面都是大家未来要学习的内容和对象。

我前面讲，地质工程就等于"地学"＋"工程"，它本身就是一个交叉学科，所以对于这个学科而言，与其他新的学科的交叉和融合，是它非常好的优势和特点。比如在纳米材料中就用得非常多，我有一个学生，博士论文做的就是这方面的研究，把纳米材料、纳米颗粒运用于土体的抗地震液化加固中，也取得了比较好的研究成果。这种新的岩石和土壤，跟公元前4000年的巨石阵所用的岩石难道还是同样的材料吗？回答当然不是，材料科学走到哪里，地质工程的材料就更新到哪里，一定是这样的。

我们专业与信息技术也密不可分。比如说，高分辨率对地观测，国土防灾减灾，工程的实时监控，都需要有预警预测，无人机就是一个非常好的手段。2013 年，我曾指导学生做大学生科创项目，就是用无人机解决地质灾害问题。还有大数据，因为这个专业会碰到很多大数据的问题，工程建设会有大量的监测数据、大量的施工数据、大量的历史记录。像上海的地铁隧道，首条线路是 1995 年通车的，到今天为止，所有的沉降数据都在。只要时间不断延长，数据就会不断增加。那么这些数据怎么去研究，怎么去发掘，怎么利用它更好地服务于工程建设呢？那就必须要用大数据。灾害管理更是这样。国家目前的边坡灾害，记录在案的边坡隐患点就有几十万个，那这些灾害监控如何实现，如何通过现代信息技术来完成，如何在纷繁复杂的数据中进行灾害的实时预警，就都跟大数据的使用密切相关。人工智能也是这样的，比如支持向量机的方法，神经网络的方法，一些新型的蚁群计算的方法，都在地质工程中得到了非常好的应用。为什么地质工程要用到这些呢？因为我们有一个决策系统，工程建设都要进行判断，判断就离不开智能技术的发展。

还有非常多的学科结合，比如在地质灾害处理中和生物科学的结合。前面提到的污染，处理污染的其中一种修复方式就叫生物修复。生物修复就是利用环境中的各种生物，如植物、动物和微生物，吸收、降解和转化环境中的污染物，使污染物的浓度降低到可接受水平，或将有毒有害的污染物如重金属转化为无害的物质。这就是我们常说的生物技术。我们还可以利用一些细菌会产生碳酸钙的特性，把这些细菌放在工程养护中，尤其是对于可能有裂缝或渗漏的区域。

所以总体来说，地质工程这个专业的内涵在技术方法和手段方面是开放的，你能想到的材料科学、信息科学，以及生物科学和社会科学，都可以在其中发挥非常重要的作用。

三、同济特色

最后，我再介绍一下同济的地质工程。

同济大学土木系科创立于 1914 年。当时青岛德华特别高等专门学堂因战乱而停办，30 名土木科学生随同部分教师转至上海同济德文医工学堂，同济为此设立土木科，开始了同济大学土木学科的育人历程。 1914 年以后，同济大学土木系的发展就没有间断过，到今天已经有 104 年了。

1952 年国家进行了院系调整，在院系调整中引入了学科分类体系，主要是借鉴了苏联的学科分类体系，调整的结果就是不少学校尤其是华东地区学校的土木工程相关系科，并入同济大学，这也是同济土木后来一直得到良好发展的历史基础和历史积淀。1952 年在学科并校的时候，发生了一件事，就是同济大学成立了"地质、土壤和地基教研室"，这就是今天我给大家介绍的地质工程专业的前身。为什么要成立这个教研室呢？因为将所有的土木系科并起来以后，发现如果要把新中国的土木建筑教育搞好，就离不开地质工程，所以就成立了这么一个学科的研究单位。到现在同济大学地质工程专业也有 60 多年历史了。1997 年，各个系都合并起来，成立了土木工程学院，像我当时读书的时候，也就是 20 世纪 90 年代，地质工程专业隶属于地下建筑与工程系，还是一个系。

2010 年，土木工程学院全面实施卓越工程师教育培养计划。目前土木工程学院是国家试点学院，土木工程是上海市的高峰高原学科，也是国家"双一流"建设学科。土木工程学院的规模是"四系一所"，其中包括建筑工程系、地下建筑与工程系、桥梁工程系、水利工程系和结构工程与防灾研究所。地质工程专业就在地下建筑与工程系里。土木工程学院除了"四系一所"之外，还有国家级的研究基地和平台，包括土木工程防灾国家重点实验室、国家土建结构预制装配化工程技术研究中心、地震工程国际合作联合实验室以及地震工程国际合作研究中心。简单理解，这些就是学习本专业的硬件条件。

从人才培养体系来说，我们拥有地质工程硕士点、地质工程博士点以及地质工程博士后流动站，构建了地质工程专业在同济大学从本科到硕士、博士，一直到博士后的完备的全链条人才培养体系。

目前土木工程学院差不多 70% 的同学会继续攻读研究生，所以如果选择地质工程专业的话，我想你还会经历硕士阶段。硕士到博士呢，差不多是在百分之十几的概率。如果对这个专业感兴趣，想从事科学研究，就可以去读博士。如果还有兴趣，当然还可以到博士后流动站继续开展工作。

我们的师资队伍也非常优秀，其中包括中国科学院院士、中国工程院院士、长江学者、国家杰出青年以及国家教学名师等。其中卢耀如院士就是我们地质工程专业的老师，在国内外享有盛誉。学院一百多年来共有四万多名学生，从学院的角度来说，整体的生源还是非常好的，我们的毕业生在各行各业也做出了非常多的贡献，所以我想大家应该有这个自豪感和荣誉感。

这就是我们学院一个大的介绍，"硬件"是我们的国家重点实验室平台，"软件"是一支高素质、高水平的教师队伍，"硬件"加"软件"就为各位未来的人才培养奠定了非常好的基础。

还有，我想给大家再介绍一下土木工程学院的学生活动，因为育人不仅仅是在课堂教学，我们要全方位育人，要培养德智体美劳全面发展的社会主义合格建设者和接班人，所以除了课堂教学之外，还会组织同学参加各种创新活动。比如说全国数学、力学、地学的各种大赛，再比如说创新论坛、挑战杯，尤其值得一提的是我们学院学生连续多年参加美国 ASCE 土木工程大赛，而且成绩非常好，在 2012 年、2014 年、2016 年、2018 年都获得了ASCE 中太平洋赛区的总分第一名，这就体现了我们的人才培养质量，不仅在中国做得最好，在国际上也是名列前茅的。

单看地质工程专业，我们也有自己的特色。因为大家选专业，肯定想以后怎么就业。我前面的介绍应该可以回答大家的问题了，我们专业是服务国家需求的，为人民服务的专业，那一定都是受到社会欢迎的专业。具体到地质工程专业毕业的学生，在社会竞争优势上主要有四个方面的特色：第一是基础好，特别是力学、地质学基础好。第二是工程实践能力突出。大家有机会可以到桥梁系去看李国豪老校长的一句话，他专门强调，搞工程技术科学，一定要注意理论联系实际。我想同济土木一百多年来就是实践了这一理念。第三是人文素质好，国际化程度高。第四是创新能力强。

地质工程专业也通过了国家工程教育认证，我国 178 所院校 846 个工科专业进入全球工程教育第一方阵，同济的地质工程也在其中。进入工程教育认证代表着人才培养质量达到了比较高的标准，得到了国家以及参加华盛顿协议的工程教育组织的认可。

我们这个专业的培养方案是怎么样的呢？大家以后如果选这个专业，那你就要接触专业的相关课程。这些课程怎么来设计？我们最大的特色就是"共性基础"加"个性培养"。

共性基础就是，要成为好的工程师，必须具有扎实的基础，包括工程学的基础，地学、数学的基础等。比如说我们土木工程学院的所有学生都要参加工程地质实习，都要参加地质学的训练，不仅仅是地质工程专业，其他所有的专业都要参加，这是"共性基础"。

同时也非常强调"个性培养"。到了高年级，你可以根据自己的兴趣和爱好选择不同的方向，选择不同的课外创新活动，选择不同的导师进入他的课题组和团队。比如我带的一个学生，2013年无人机还不是太流行，我上课就说到无人机，她说，黄老师，我愿意跟你参加这个科技创新，我说挺好，那你来参加啊，这就属于个性化。因为每个同学都有导师，可以通过导师的科研项目，通过学院的各种大赛，来更好地培养自己，发挥自己的兴趣和特长。还有交流合作，不仅是在学校，我们还能到校企、到国际上去交流合作，我们给你提供了从金字塔的塔基到塔尖的可能，是无缝衔接的。

所以如果大家选这个专业，你会看到培养方案是怎么设计的，就跟到饭店点餐一样，看到哪个菜单，然后我告诉你这个菜单是按照什么来设计的。

突出"共性基础"加"个性培养"的同济土木培养模式，实现本硕博一体化打通的培养方案，以及课堂教学、实践创新和交流合作三个链条无缝衔接的培养，这就是地质工程人才培养最基本和最核心的理念。

去年（2017年）自愿到西藏日喀则工作的占冠元博士，就是土木工程学院培养的优秀学生。我们一直强调要扎根祖国大地，要到祖国最需要的地方去建功立业，这也是我们学院的文化。毕业季的时候，阵容浩大，每位同学都非常激动，因为有500多名同学在土木大楼前合影。这可不容易，要想很多办法才能拍出一张这么多人的照片来。我想这张照片以后也会变得很有

图 3　土木工程学院毕业大合影

意义，因为你的同学就有 500 多人，非常壮观（图 3）。

就业去向我也说一下，除了继续从事科学研究外，总体来说就是三大类。一是工程类，比如很多设计院；另外是地产类的一些企业；还有一些是到政府管理部门，近两年考上国家公务员的也不少。

以上就是关于同济大学土木工程学院地质工程专业的介绍，希望给大家留下一个很好的印象。

最后有句话跟大家共勉。

只要有人类活动，就一定会有工程活动；只要人类存在，有衣食住行，就一定离不开我们专业。所以我希望更多的同学能去认识地球、造福人类，这是地质工程专业发展的不懈动力。

人类对地球奥秘的不懈探索，国家经济和社会发展不断提出挑战，尤其是工程挑战，为我们未来的发展描绘了无限美好的前景。毛主席说过，可上九天揽月，可下五洋捉鳖，我想今天正在实施的深地、深海、深空国家战略，地质工程就大有可为，就可以为国家的经济建设和发展做出自己的贡献。所以希望更多的同学能结合自己的兴趣，结合国家的需求，结合同济的历史，来选择自己未来的专业。我代表这个专业说，地质工程欢迎大家！学校提倡扎根中国大地，建设世界一流学科，土木工程学院也有一个院训：扎根大地不离土，培育栋梁参天木。把大家培养成"栋梁参天木"，就是我们人才培养的愿望，而且我们必须实现这个愿望。

以上就是今天的介绍，如有不妥之处，请大家批评指正。谢谢。

邱 军

同济大学材料科学与工程学院

材料
——人类社会进步的基石

邱军，同济大学材料科学与工程学院副院长，教授，博士研究生导师，材料科学与工程专业负责人。主要在材料科学与工程专业从事高分子基复合材料、纳米材料的教学与研究工作。担任国家科技奖励评审专家，中国复合材料学会高级会员，*Research of Materials Science* 期刊编委。

各位同学，大家下午好。我是邱军，来自材料科学与工程学院，是材料科学与工程专业的负责人。我今天的讲座题目是《材料——人类社会进步的基石》，主要从材料和时代的关系来介绍为什么材料是人类社会进步的基石。

虽然是讲座，但还像课堂一样。我先提个问题，人和动物的区别是什么？人可以制造和使用劳动工具，没错吧？我给大家看两张图，第一张图小猫咪和小男孩（图1），同时安详地入睡，二者的区别在哪里呢？你应该说衣服，对吧？小男孩的衣服是他爸爸妈妈精心为他选的，而小猫咪只有自己的毛。你再看第二张图，这是两个年轻的大学生，在可可西里自然保护区喂小藏羚羊的画面（图2），人和动物和谐相处。他们身穿运动服，脚穿运动鞋，戴着遮阳帽，戴着眼镜，手里拿着奶瓶，喂着藏羚羊的幼崽。我刚刚所提到的这些，衣服、帽子、眼镜、鞋子等都属于劳动工具。

图1　小猫咪与小男孩

图2　大学生喂羚羊

那么接下来又有一个问题，人类用什么来制造劳动工具？答案应该就是材料。那什么是材料？如果给材料做一个说明的话，材料是人类用于制造各种产品和有用物件的物质。也就是说，我们制造的所有对人有用的产品和物件都是材料。你们感受一下，你身边的这一切都应该是材料。你坐着的椅子，踩着的地面，我们现在所在的大礼堂，都是由材料所构造的。

可以这样说，材料是人类社会生活的物质基础。没有了材料，就没了这个人造的世界。

一点也不夸张。自然界赋予我们的是很少的一部分，像动物、植物、一些资源等，剩下的都是人造的。而人造的一切都来自材料。

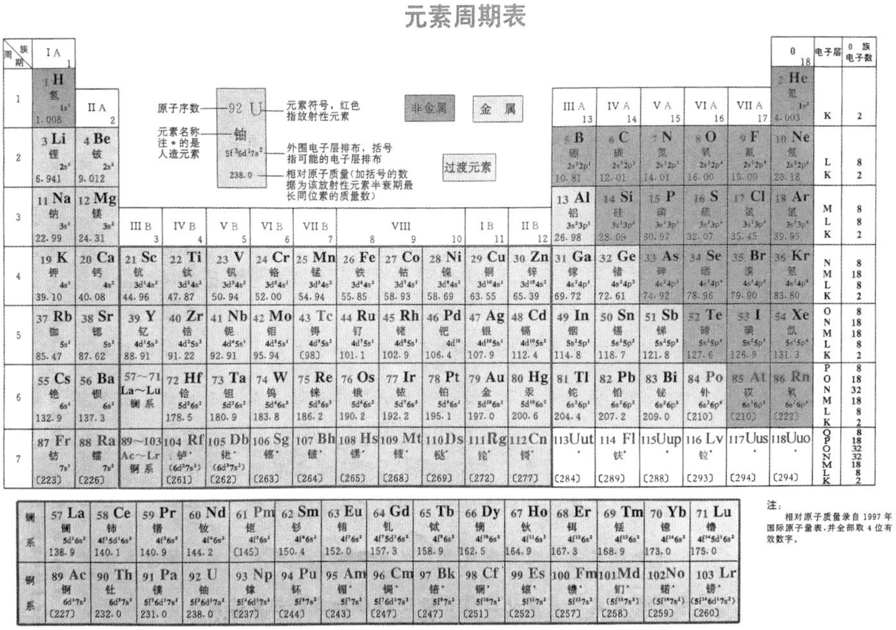

元素周期表

图 3　元素周期表

这是一张元素周期表，大家再熟悉不过了（图3）。看到元素周期表，你会想到什么？有一类材料叫金属材料，它的组成元素在哪里呢？除了个别的，比如汞元素之外，这些元素的共同特征就是带着金字旁，带金字旁的元素组成的材料，称为金属材料。我举个例子，这里面的 26 号元素铁，就是钢铁这一材料的主要组成元素；29 号元素铜，是目前可用到的最好的导体；3 号元素锂，是电源用到的电极材料，像我们熟知的锂离子电池。

除了这些金属元素外，另外一类我们称为非金属元素。金属元素和非金属元素共同作用，就会得到化合物或者盐。比如说石头的成分碳酸钙，是金属元素钙、非金属元素碳和氧共同作用得到的。

在元素周期表中有个非常重要的元素，它跟生命体有着密切的关系，就是 6 号元素碳，它是有机物的重要组成部分。在"材料人"的眼里，碳在材料领域中是一个"明星"元素。

碳的下一周期同一主族的元素，14 号元素硅，是一个非常重要的半导体材料，今天很多新能源的材料都是硅这种元素构成的，跟硅相连的锗、锑等，也都属于非常重要的半导体材料。

因此，从材料分类来说，有四大类，金属材料、无机非金属材料、有机高分子材料，还有一类材料，就是这三种材料相互组合而成的，我们把它叫作复合材料。复合材料可以是金属＋高分子材料、陶瓷＋高分子材料、金属＋陶瓷之间的组合。

这是一个材料的年谱（图4）。它的横坐标是年代，纵坐标是相对重要性。从这个谱图可以看到四类材料的分布。在很早以前，所用的材料主要来源于大自然。我们用石头和地上生长的植物维持生存。后来才真正开始了人造材料，用大自然所赐予的材料，经过人类的聪明才智创造出新材料，才有了今天看到的这些材料。

在中学历史中，会提到这样一个内容，人类历史发展过程中，整体的年代划分是以材料来划分的。比如说，最早的原始社会，我们把它称为石器时

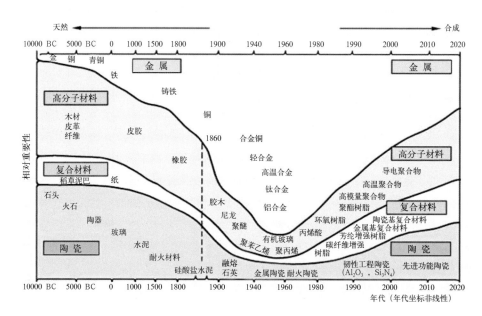

图4 材料年谱

代，因为当时能用到的东西是石头，或者说那时世界上最好的东西就是石头，用石头几乎制作出一切日常用具。接下来是青铜器时代、铁器时代等，那个时候我们所有认为"高大上"的东西都是由这些材料组成的。

一类材料代表着一个时代，材料的发展促进了时代的发展。所以材料是人类社会发展的基石。

今天，同学们可能很难想象一类材料能完全代表现在的时代。但整个人类文明的发展史，就是一部利用材料、制造材料和创造材料的历史，而且这三个动词，"利用"、"制造"和"创造"是有差别的。石器时代是"利用"材料；用简单的原材料，经过简单的工艺得到的材料，就是"制造"材料；而"创造"完全不一样，是自然界所没有的，是通过人类智慧得到的。十九大报告提出，要加快建设创新型国家，包括实现前瞻性基础研究、引领性原创成果重大突破，其中就包括材料，我们称之为新材料。

所以，以材料来命名不同的年代，可分为石器时代、青铜器时代、铁器时代、水泥时代、钢时代、硅时代，最后是新材料时代。接下来我们就按照这样的人类社会发展脉络来介绍各类材料，以及它所对应的时代。

一、石器时代

首先要讲的是石器时代，就是原始社会。比如先是公元前 40 万年到公元前 8000 年的旧石器时代，这是一段非常长的时间，人类生存大多是靠大自然的赐予。那时候的工种非常简单，就是打渔、打猎，还有采果子。所用到的材料基本上就是植物、动物和石头。我们把石头叫作劳动工具，用硬的石头来砸软点儿的石头，可以得到各种各样的器皿。另外，衣服多数来自树皮和树叶，或者捕获的猎物的皮毛。就是这样一个非常漫长的年代。

接下来就出现了陶瓷。陶瓷的出现，让人类社会进入了新石器时代。怎么出现陶瓷的呢？土加上少量的水，搅拌之后扔到火中烧，烧完后发现变得坚硬了，如果一开始就做成一个形状的话，就可以得到我们想要的东西，我们把它称为陶器。中国陶器的历史非常长，至少有 8000 年，比如半坡文化

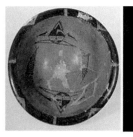

图 5　半坡文化的陶盆（左）与仰韶文化的白陶瓶（右）

图 6　景德镇的四大名瓷（青花、玲珑、粉彩、颜色釉）

的陶盆、仰韶文化的白陶瓶等（图 5）。这个时代基本是在公元前 8000 年到公元前 4000 年之间。正是有了泥土烧制后得到的陶器，并把它当作劳动工具，使得当时农业的生产效率有所提高。所以新石器时代陶器和瓷器的出现，推动人类社会进行了第一次产业革命，我们称为农业革命。农业革命使原始社会解体，生产力大大提高。

陶器是大自然没有的，是人自己制造的，属于人类有意识的创造发明，所以是全新的材料。从那时起，人就离开了大自然的赐予，迎来了自主创造材料的时代。恩格斯说过，人类从低级阶段向文明阶段发展，是从学会制陶开始的。

大家看兵马俑，它的脸栩栩如生，服装、衣帽也都做得非常逼真，而且至今也保存完好，这是中国在制陶工艺上的卓越成就。大家再看景德镇的四大名瓷，分别是青花、玲珑、粉彩和颜色釉（图 6）。青花高贵典雅，是我们中国的一张名片，而且有首歌叫《青花瓷》，把它唱得非常流行了。玲珑这种陶瓷，玲珑别透。粉彩呢，非常高贵，这个颜色能让人想到皇家。颜色釉，可能会想到田园风光或者平民生活。景德镇的四大名瓷，有一个共同的名称，用英文说是 china，就是中国的英文名称（China），西方人也是首先从陶瓷开始认识中国的，让外国人知道了，中国这个文明国度可以制造非常好的陶瓷。

二、青铜器时代

青铜器时代大概是在公元前 4500 年到公元前 1000 年这段时间。青铜器是怎么出现的呢？这个跟烧制陶瓷是有关系的。在烧制陶瓷的过程中，用到的土可能是含铜的赤铜矿或者锡矿。而锡的熔点比较低，只有 200 多摄氏度，加上在烧的过程中，火烧的主要原材料木材会产生碳。大家学过化学，碳是一个很好的还原剂，它可以把氧化物还原成单质。所以熔点比较低的锡就在烧制的过程中变成了金属锡。而铜的熔点也不高，在烧制陶瓷的时候，就可能把铜烧出来。而真正的单质铜，同学们可能都已经学过，它比较软，没有很高的强度，所以用它制造农具，农具就会变形，就会坏掉。而当人们发现，把锡和铜这两种金属放到一起时，就有了一定的韧性，因此就得到了青铜。青铜就是含有锡的铜或者叫铜锡合金。

春秋战国时期的《考工记》，就记载着把铜和锡作为原材料，制造各种各样的制品。考古发现的古埃及壁画中，也清晰记载着炼铜的过程。这就是青铜器时代。农耕时代，青铜器大量被用作农具，提高了农业生产力，促进了社会的分工。那时候不光有农业，也出现了另外一个工种，就是手工业。手工业干什么呢？就是做这些东西，做农具，也可能做武器。

再看我国著名的青铜器，商朝的后母戊鼎。祭祀用的大鼎，迄今世界上出土最大、最重的青铜礼器。还有越王勾践用的那把宝剑，现在藏在湖北省博物馆。我去看过，依然熠熠生辉，代表着我们的祖先在青铜器的制造或者使用方面的杰出成就。

三、铁器时代

到了公元前1000年左右的时候，就进入了另外一个时代，我们称为铁器时代。铁比铜更活泼，所以在自然界很难找到单质铁的存在。人们最早发现的单质铁来自陨石，我们把它称作陨铁。陨铁中铁的纯度超过90%。人们还发现，用陨铁中取出的铁制造的器件，比青铜好得多，强度非常高。考古还发现，最早的铁器出现在公元前1400年，叫作赫梯铁器。古巴比伦地区的赫梯王国已经灭亡了，但灭亡之后，制铁、炼铁的工艺却得到了流传，人们才真正学会了制铁。

《天工开物》描绘了古人冶炼金属的场面，也就是炼铁的场面。铁的熔点比铜要高，1500多摄氏度，并且由于铁比较活泼，所以氧化物变成单质的过程相对较难，导致我们祖先先找到铜，后找到铁。

铁器的出现不得了。当时出现的铁，今天我们叫生铁，它能铸造成型，就是把铁水倒在一个模具中铸造成各种各样的形状。由于铁的强度和硬度非常高，非常适合做农具，因此至今还有些地区在使用铁做的农具。铁器的出现，也大大提高了农业生产力。所以说铁器使一些民族从原始社会发展到了奴隶社会，又逐渐摆脱了奴隶制的枷锁进入了封建社会。

四、水泥时代

历史再往前走的话，就到了公元零年，这是一个非常重要的分界线。这时候人类社会大量使用一个东西，叫水泥。我们把这个时代称为水泥时代。在认识水泥之前，我们先看一些重要的文物。胡夫金字塔，建造于公元前2500年。长城，公元前11世纪就开始建造了。古希腊的帕特农神庙，是公元前400多年建造的。玛雅古城，是玛雅文明的一个象征，它已经被埋在地下。

这些文明古迹能保存到现在，最重要的原因，就是用到了一个重要的原料，石头。但是大家想想，那么重的石头，从山上把它砸下来，然后运到建筑的地方，再一块一块挪上去，还要粘起来，真的非常艰难。人的智慧是无穷的，在那个时候人们就会想到这样的问题，既然能烧出陶，烧出瓷，还能炼出铜，炼出铁，那能不能自己造出石头呢？首先就找到了水泥。水泥其实就是自然界的矿石。矿石含有硅酸盐和碳酸盐，把它加热二氧化碳就跑掉了，就得到了叫作石膏的东西。石膏和水反应，再加上有硅酸盐在，最后就得到了硅酸钙，也就是水泥。它有非常好的粘接性。光用它怎么造石头呢？那就把沙子和石头用水泥粘在一起，就得到了混凝土。而混凝土有一个别名，叫砼（tóng）。这个字认识吗？这是中国人造的字，就是人、工、石，人工石就是混凝土。有了混凝土之后，混凝土跟石材有相近的强度和刚度，因此就可以用来造房子、修路、修桥。但是混凝土不能建高楼，因为它比较脆，高楼侧向撞击的时候很容易就倒了。那后来怎么建的高楼啊？加钢筋。所以就有了钢筋混凝土，因为钢有一定的韧性，二者互补起来其实就是一种复合材料。有了钢筋混凝土，就有了漂亮的高楼。所以可以这样讲，混凝土这类材料筑造了整个世界，我们生活、居住、学习、工作的房子基本都是由混凝土筑造的，公路、大街、桥梁、隧道也都离不开混凝土。比如三峡大坝，一个宏伟的工程，全长3000多米，高180米。这个大型的发电站，就是中国对混凝土使用的一个杰出成就。再比如港珠澳大桥，全长55千米，把海边的三个城市香港、珠海和澳门连成了一体，这些用到的都是钢筋混凝土。还有上海，我们在这里学习，很大一部分同学以后可能也在这里生活、工作，那么城市建设的基础是什么呢？答案就是钢筋混凝土、玻璃等建筑材料。因为这些材料的存在，才有了我们这样一个繁华的国际化大都市。

五、钢铁时代

到了1800年，我们把它叫作钢铁时代或者钢时代。钢和铁是有点差别的，差别在什么地方呢？就在于碳。因为钢和铁的主要组成元素都是铁，但铁非常脆，后来人们发现，当铁中的碳含量变低时，它的脆性就会降低，韧性就会提高。当碳的含量更低时，它的韧性就会变得更好。我考一下各位，怎么使铁中的碳含量降低？碳和氧作用会变成二氧化碳和一氧化碳，就会从铁中出去。所以你看炼铁的工艺，就是加热中再轧，再加热再轧，对吧？这个过程中就使碳含量降低了，一点点把铁变成钢了。其实就是这样一种工艺，但人们经过了漫长的实践才得到。有了钢这样的材料之后，社会就非常快速地发展起来了，不像原始社会几十万年没有多大变化。这时候就产生了第一次工业革命和第二次工业革命。

我先讲第一次工业革命。第一次工业革命发生在18世纪60年代到19世纪中叶的英国。我们知道古老的英国最重要的产业之一就是纺织业。当时发明出了珍妮纺织机，摆脱了人力，使得纺织的效率大大提高。后来瓦特改良了蒸汽机，才真正有了动力。这个时代正是因为有了钢，才有了纺织机，才有了蒸汽机。所以从钢的出现开始，手工业的手工劳动就可以被机器所代替了。社会生产效率大大提高，就出现了资产阶级，资本主义社会也就应运而生。大家成长在中国快速发展的、比较富裕的年代，可能想象不到过去的城市是什么样子。在最早的城市，你会经常听到机器的轰鸣声、汽车的喇叭声。

第二次工业革命在19世纪下半叶到20世纪中叶这段时间，这个时候有了电气化。其实从钢出现之后，我们就慢慢明白了，原来在金属铁中，加入其他的金属，就会得到耐磨的铁、耐热的铁、磁性的铁等材料，我们把它称为金属合金。合金代表着除了铁之外还含有另外一个或多个元素。比如法拉第，他发现了电磁感应现象，发明了第一个发电机，这是实物图（图7）。

图7　法拉第发明的发电机

今天看着多么简陋啊，但是正是有了这样的思想，人们才开始知道如何利用电磁感应发电。

然后，大发明家爱迪生给人类带来了光明。贝尔发明了电话，使通信不再只是"喊"，使人类社会渐渐步入了信息化社会。有了发动机，才制造出汽车和飞机。这些工业产品的发明制造，使人类社会文明的脚步大大加快，生产效率也得到了极大提高。

当时利用金属材料的标志性建筑，比如法国巴黎的埃菲尔铁塔，它的高大只有亲眼看过才能感受到。埃菲尔铁塔始建于 1887 年，高 324 米，总共用了 7000 吨钢，12000 多个金属构件，250 万个螺钉，其镂空结构是仿照人体骨骼而建造的，那是当时欧洲最高的建筑。这个铁塔上有那么多螺丝钉，那么多小的构件，还是镂空结构，那么高，却稳稳地站立着。它反映出了当时人类社会利用金属材料的巨大成就，这就是埃菲尔铁塔的实际意义。

再比如坐落在美国洛杉矶的金门大桥。金门大桥是 1937 年建成的，用了 10 万多吨钢材。它横跨 1000 多米，可以说是当时人类制造桥梁史上的一个奇迹，也是用钢造桥的典型代表作品。当然我们今天把港珠澳大桥都建起来了，再回看金门大桥就能感觉到时代的发展多么快。

还有被称为"世界之窗"的世贸中心，是美国纽约曼哈顿地区的地标性建筑。它建成于 1973 年，高 412 米，是双子塔结构。但这两座地标性建筑在 2001 年 9 月 11 日发生了一件巨大的悲剧事件，而这个悲剧是人为造成的。所以，在座的年轻大学生们，我们应该热爱和平，首先就要珍爱自己，和身边的同学、老师友好相处。不管身边的人的肤色、语言、宗教、信仰如何，都应该和平相处，任何人的生命都是无价的。今天，中国正在高速发展，习近平总书记已经提出要构建人类命运共同体，人类只有一个地球，各国共处一个世界，在谋求本国发展中促进各国共同发展。

六、硅时代

20 世纪中叶出现了计算机，而计算机的出现离不开材料科学的支撑。

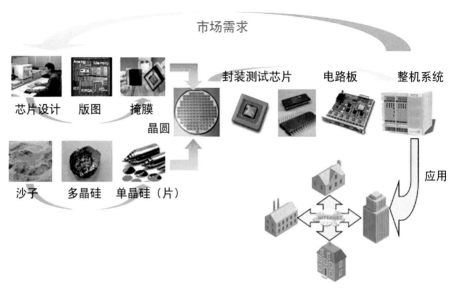

图 8　集成电路的产业链结构

计算机的发展经历了从电子管、晶体管到集成电路这样的发展历程。从材料的角度讲，这种发展历程就是更好地利用以硅为主的半导体材料的过程，所以材料科学的发展是计算机飞速发展的基础，我们也把这个时代称为硅时代。

　　这是一个集成电路的产业链结构（图8）。集成电路是怎么来的呢？集成电路最重要的原材料就是单晶硅。而单晶硅来自沙子，因为沙子的主要成分是二氧化硅，还原后就能得到硅，再通过复杂的工艺就可以得到单晶硅。单晶硅切片得到的产物称为晶圆，所有的晶体管都是在晶圆中制造的。所以芯片的设计师要设计好整个晶体管排布的线路图，然后经过复杂的制造工艺才能得到芯片。再进行封装，将芯片镶嵌到线路板上，最终就变成整个机械设备中的控制部分而被应用起来了。

　　接下来我说一下芯片技术。芯片是什么呢？比如电脑和智能手机，它最核心的部件就是芯片，像人脑一样，是各种电路和原件刻蚀到单晶硅片上得到的一个综合体。覆铜板中镶有各种各样的芯片。而覆铜板是用最好的导体铜附到绝缘材料上，让绝缘板支撑着铜箔而制成的。材料学院有两个实习基地，一个是生产芯片的，一个是生产覆铜板的。到了大三，同学们可以到实习基地去了解这两种构件和材料的使用。之前我们国家的芯片是需要其他国家提供的，但买得来芯片，买不来芯片的核心技术，技术是需要我们自主研发的。我国目前在整个产业链中仍属于中低端，很多我们认为非常高新的技术，目前还不具备，或者说没有掌握得那么好。所以，我希望各位工科试验班的同学，能通过你们这一代人的共同努力，使我国的工业及核心技术得到长足发展，这也是创新型社会的需求。

芯片核心技术的发展经历了从微米时代到纳米时代的转变，即芯片上刻的两条线路之间的距离，也叫线宽，越来越小了，现在已经到了纳米级别，这就是纳米技术。一块小小的芯片，就可以容纳所有国家图书馆的信息。有一个非常有名的定律，叫摩尔定律，认为每 18 个月集成电路中容纳的晶体管数量就会翻倍，性能也会翻倍，而我们正是这样一步步向前发展着的。所以现在的电脑、手机越来越好用，速度越来越快，这和芯片技术的快速发展密切相关。

我再简单说说纳米材料。人眼的分辨率大概 0.02 毫米，两个物品之间的距离再小，人肉眼就看不到了。肉眼能看到的，我们称为宏观，而微观就是微米级别的尺度。从芯片技术来看，硅加工的技术逐渐从宏观发展到了微观，其实整个材料的发展也经历了从宏观到微观的发展过程，最终材料的发展应该到纳米阶段，就是能够控制原子或者分子的阶段。

通过纳米技术可以做出很多纳米器件，像纳米的发动机、纳米的汽车。比如冠心病，其实就是心脏有一部分血管被堵住了，如果有了这样的纳米汽车，把它放进血管中，可以把这些路障给清理掉，就永远不会有冠心病了，这就是纳米技术的应用。当然纳米技术的应用种类非常多，我只是举了一个例子。

七、新材料时代

当今时代，我们把它称为新材料时代。这个时代很难用一类材料来代表，所以我讲几类。通过上面的讲解，大家知道了无机非金属材料，比如水泥。

金属材料，比如钢铁。下面我讲讲高分子材料，比如轮胎。轮胎的制作材料叫橡胶，橡胶最早来源于天然橡胶树流出的汁，硬化之后有一点点弹性，可以制成小孩的玩具球。但是人们发现，如果把橡胶和硫磺放到一起烧一烧，那个球就能弹得非常高，因为橡胶有了更好的弹性，然后想到可以把橡胶用在车轮上。车轮外面包一层硫化橡胶，那个车就跑得更快，坐得更舒服了。但是人们又发现，外边包着硫化橡胶的车轮很快就会磨漏，于是大家就琢磨是不是可以加点硬的东西进去，所以人们就找到了一种材料，叫炭黑，把炭黑加进去以后，再加上硫磺烧一烧，再做外围，就发现它不会轻易被磨坏了。后来想到要充气，但发现加炭黑的硫化橡胶在充气的时候很快就会胀开，怎么办呢？就想到用钢丝围好一个架子包在轮胎里面，这样再充气就好了。后来，更好的纤维的出现取代了钢丝，才有了我们今天的轮胎。还有飞机，飞机起落时那两个轮子非常重要，如果没有轮子，很难加速飞起来，更难着陆。

因此，橡胶加速了人类走向现代文明的步伐。人类社会发展到今天，是交通工具的进步，使我们摆脱了人本身的局限。以前只能用"步"来测量距离，后来有马车来帮助我们跑得快一点，接下来有了动力，有了汽车，有了飞机。即便中国到美国的距离，我们也用不了 20 个小时就到了，以后会越来越快。这离不开橡胶这种高分子材料的作用。

再看日常生活中，你穿的衣服、裤子、袜子、鞋子，利用的都是高分子材料，家中的电视、冰箱、洗衣机、空调也都是高分子材料，办公室的打印机、摄像机、复印机，我们的电脑和手机，以及最新的柔性显示屏幕，也都是高分子材料。高分子材料提高了生活和工作的质量。

再比如水立方，结构非常漂亮，是 2008 年北京奥运会的水上中心。其实它就是模仿晶体材料堆积的侧面结构，所用到的就是乙烯的共聚物这类材料。这个材料的特点是拉伸到三四倍也不会断，汽车冲上去也压不坏，遭遇暴风、沙尘暴等都没问题，并且不易燃，还不易沾尘土。哪怕沾上之后，下雨就把它洗得干干净净了。耐老化也非常好，所以水立方的结构一直保持得非常好。

接下来介绍复合材料，也是新材料时代一个非常重要的材料。一个典型的例子就是大型飞机。大型飞机的制造所使用的一类材料就是复合材料，我们把它称为碳纤维增强的高分子基复合材料。这种材料会让你想到什么呢？你可能会想到小燕窝，小燕子筑巢用到的材料就是草加泥，而人造的高强碳纤维就是"草"，"泥"是有非常好的黏结性、抗氧化性、抗腐蚀性的环氧树脂，但是原理没变。航天器、大型轮船、赛车等都需要这种轻质高强的复合材料。因此，复合材料实现了人类更高、更快的梦想。

再提一提新能源，因为它是目前社会发展大量需要的资源。据美国能源署预测，到2030年，美国新增电力供应将近一半来自新能源，主要包括太阳能和风能。其实人类社会的发展都离不开太阳，它每天给我们源源不断的能量。但是，太阳能无法完全解决能源问题，原因是太阳能电池中半导体材料的光电转化效率很低。如果能解决这个问题，提高光电转化效率，就不再需要化石能源了，这是摆在我们面前的一个大课题。还有风能，空气流动就形成风，对吧？怎样才能让风力发电机产生更多的电呢？那就需要把叶片做得更长，但做得更长就会更重，风就吹不动了，因此需要轻质高强的材料。从太阳能到风能，核心技术都是新材料技术，只有掌握了这些技术，新能源产业才能快速发展。

当然，在高分子材料和复合材料快速发展支撑着新材料时代的时候，其实金属和陶瓷也没有落后，它们也在发展中，比如金属合金中的钛合金，它很轻，耐高温，并且在高温条件下，它的抗疲劳性能很好，不容易坏掉，飞机上非关键的风扇就用到钛合金。如果是飞机引擎，那么需要的材料就是高温合金，一般是镍钴合金。在大型飞机的发动机内部，燃料燃烧的温度达到了1380℃，常规材料在这种温度下已经没有很好的强度了，只有镍钴合金才能完成使命。但是这项核心技术我们并没有完全掌握，这又是需要去攻克的一大领域。

最后再说说陶瓷，除了刚刚讲到的陶器、瓷器外，还有非常多的陶瓷，我们把它称之为功能陶瓷，它可以具备电、磁、光、热、生物、化学等功能。功能陶瓷的用途非常多，比如超导材料。超导材料的特点是具有完全导电性，就像没有电阻一样，而且具有完全的抗磁性，利用它我们制造出了磁悬浮列车，示范线就在上海。大家有没有坐过？速度非常快，每小时可以达到四五百公里，其实还可以更快，达到一千公里。为什么它比普通高铁快？因为它是悬浮起来的，减少了轨道和车轮之间的摩擦力。那它是怎么悬浮起来的？很简单，就是利用电磁铁的磁极"异性相吸，同性相斥"的原理。轨道一极和车体下部一极是同性，就排斥，所以在高速行驶的过程中它就会悬浮起来，利用的就是超导陶瓷。

另外一个例子就是超导计算机，我们知道所有的导电结构都有可能产生热。而计算机的整个线路结构最怕的就是热，它会大大降低计算机的工作性能。但是如果用超导材料制作这样的线路，就不会产生热量，当计算机高速运转的时候，所有的元件都不会发热，那计算机的工作效率就非常高，寿命就会变很长，这一类计算机，我们称为超导计算机。

好了，今天的介绍就到这里。总结起来就是今天的题目，材料是人类社会进步的基石，它的重要性决定着本专业的需求度，希望同学们今天能对"材料"有一个宏观的认识，也欢迎各位投身到"材料"的大家庭中，走进材料世界，成为社会栋梁！

学生提问1：学材料最有意思的事是什么？

回答：我从小就对材料感兴趣，最有意思的就是，你的想法变成现实是比较容易的。比如说我想设计一个能拉得很长的材料，到了实验室，按照我的理论，就能做出一个能拉得很长的东西。今天确实通过一个小配方或者小组合，就会影响材料性能，所以可以用我们的奇思妙想来制造很多新材料，来满足人们的使用。

学生提问2：生物制药属于材料吗？

回答：从材料的划分来说，药不属于材料。材料是人类用于制造物品、器件、构件、机器或其他产品的那些物质。药物一般都不算作材料，往往称为原料。但是药物的包装，比如说胶囊，那是材料。

陶 闯
同济大学测绘与地理信息学院

测绘地理信息的发展与未来机遇

陶闯，1990 年本科毕业于武汉大学地理信息与遥感专业，于加拿大卡尔加里大学获得博士学位。曾是加拿大首席教授，国际地图界权威专家，担任多个国际组织要职，拥有多项技术发明，发表论文 200 多篇，荣获众多科技奖项。曾任 PPTV 掌门人，创办的 GeoTango 是全球首家推出互联网三维地图的公司，后被美国微软收购，成为微软并购史上第一位华人企业家。创办 Wayz.ai，建立以自动驾驶高精位置服务和位置智能为核心的 AI 云平台，服务于自动驾驶、智能出行、物流交通、新零售等众多领域。

各位同济大学的老师、同学，大家下午好！非常荣幸能有机会跟"零零后"的学弟学妹们做交流。之所以让我来介绍测绘工程这个专业，是因为我自己是测绘信息工程学科毕业的。当然我也跨界做过互联网公司，而且可能是第一批互联网创业公司，当时在国内也是赫赫有名。大家都知道的 PPTV 网络视频，就是我创办的中国最早做直播的互联网视频公司。当时我们做到了国内用户数将近 3.5 亿，在国内搭建了 350 个数据中心，使用的服务器将近几十万台，是一个巨大的云系统。

其实我们大家一样，都是从无知慢慢走到有知，再慢慢走到更无知。年龄很小的时候，我们对什么事情都感觉很新奇，然后懂的东西越来越多，其他人都不太懂，就慢慢觉得自己很牛。但再到一个时期会发现，尤其像到我这个年龄，我们真是无知，知道的东西太少。因为你知道的知识就像一个圆环，而这个圆环越来越大的时候，圆环外面的东西也就越来越大，外面是你不知道的，你知道的也就只有圆环内的而已。

大家可能正在考虑自己未来的专业选择方向，其实就是在考虑自己到底想做一个什么样的人。未来的职业发展都靠你自己，不靠别人。今天我想通过自己的经历，介绍一下测绘这个学科，包括我的职业选择。最近有一篇文章，采访一位非常优秀的企业家，OPPO 手机的创始人。采访人问他，如果有三件事情让你做出选择，你会怎么选。第一是做一件特别有影响力的事，第二是做一件特别喜欢的事，第三是做一件特别擅长的事。当职业选择面临这三件事的时候，你会挑选哪个作为自己的职业方向？等到今天讲座结束，看看大家能不能有一个自己的答案。

今天我演讲的题目是"测绘地理信息的发展与未来机遇"。刚刚进入大学的同学，包括当时的我自己，可能都不清楚学校的这些学科到底是干什么的，只是听到很多名词，诸如计算机、人工智能。我觉得你们特别幸运，第一年作为一个开放的学习阶段，不选专业，先尽可能地了解各个专业，然后再选择最适合你的方向。

测绘地理信息专业说起来很简单，实际上是通过学习一些技术去重构目前的物理时空世界，把看到的物理世界数字化、信息化。人类就是用计算机，

图 1　陶闯博士研究期间做的测量车

用信息化和数字化手段来了解我们真实世界的。

　　所以在地理测绘信息里，大家会经常听到 GPS 全球定位系统。我们可以把定位传感器放在车上、船上、飞机上、卫星上，还可以放到手指中间，用各种传感器设备来感知这个世界，其核心思想就是数字化这个世界。

　　刚才我介绍，我毕业于这个专业，然后在海外读了博士学位，后来也在同济做教授，我从事这个行业很多年了。在这个学科我干了些什么事情呢？

　　这是我博士论文做的，我们做了一台测量车，这辆车上加了各种传感器，然后把车开到马路上（图 1）。因为我们发现最不好建模的就是道路，路上一直有很多来来往往的车，也不能把道路堵上来好好建模，所以必须把相机放在车上，跟着车一起开，每小时也就开几十公里。拍了很多街景照片，用这些照片来重建道路两边的景观。我们当时做了一个街景测图系统，把整个道路周边数字化了。在人群非常密集的街道上，车开过去后，就把街道两边的建筑物、人群、马路、车道线建立成一个地图了。测绘学院很多是做地图的，我相信每个人都会接触到做地图。

　　刚才说道路，现在还有一个更大的问题——海底怎么办？海底的图也要

图 2　陶闯博士团队做的水下机器人

测出来呀。这是我当时博士论文的另外一个研究课题。当时我们做了一个水下机器人，机器人带着摄像机，开船到海中间，把机器人放到水下去（图2）。因为海底没有光线，所以要设计它的光源。最关键的是怎么给它输电，因为过一段时间，电能就没有了。那个时候没有无线，即使到目前为止，也还没有解决无线送电的问题，所以我们就牵了一根特别长的黄线，是个电源线，拉进去给它输电。拍完照之后，就把拍的视频照片传到船上，有一套计算机系统进行实时处理。

现在大家已经开始感觉到测绘信息工程是干什么的了吧？就是通过各种感知手段把信息数字化，跟人通过眼睛感知信息一样。

刚才谈到"水下"，此外，"在飞机上"也是我1998年做的课题（图3）。如果在街上开车，也就开个几十公里，但飞机上可以开五百公里，甚至一千公里，所以飞机是最有效的测图工具。大家可能不知道，全世界80%的地图都是用飞机测的，不是在地面测的，这叫航空遥感。通过飞机拍摄、扫描，然后用自动重建的方法建立一个三维模型，整个城市的三维模型就出来了。但是它确实都是一些模型，不是那么漂亮，只是利用航空遥感的模式进行测绘。

图3　陶闯博士利用飞机进行航空遥感作业　　　图4　陶闯博士做穿戴式测图系统

　　这是我2000年最帅的一张照片(图4)，看见我在做什么了吗？这个很酷，在座的同学有没有玩过VR（Virtual Reality，虚拟现实）？我们知道，眼睛是有视觉范围的，手机屏幕现在都越来越大，但再大就拿不了了，对吧？那怎么把屏幕做到最大呢？就是当你把屏幕贴到眼睛上，这个屏幕就是最大的，全方位，360°，这就是VR。VR就是把计算机屏幕放到眼睛上来，一看就是整个世界。这是穿戴式的测图系统，实际上就是一个穿戴式的计算机。

　　2001年，我自己创立了一家公司，叫GeoTango，是当时最早一批互联网创业公司，做互联网三维地图。这是当时做的一个网络三维地球。大家知道谷歌地球，我比谷歌地球还要早3年完成这项工作。这个系统的名字叫Global View，当时卖到了全球将近18个国家和地区，第一个客户就是联合国。2005年，遇到一个比较大的转折，这家公司被比尔·盖茨看上了。微软公司当时跟我谈判，说我们微软想做一个虚拟地球，你愿不愿意参与进来，然后就全资收购了我的公司。因为微软确实慷慨，让我第一次做到了财富自由。记得当时在多伦多海边最贵、最高的大楼上签约，我当时看着窗外想，人生的际遇往往出乎意料。以前我是一个搞技术研究的，从来没想过哪天会通过技术挣很多钱，然后突然就撞上这件事了。当时收购后，我也创下了微软收购的第一家华人创业公司的记录。

　　进到微软，我觉得就要干一些更大的事。什么事呢？第一个就是研发一个高清晰度的相机。我们当时做的是一个航空相机，分辨率做到从飞机上拍下来的时候，可以把斑马线看得非常清楚。做成的城市模型是一个三维的计算机模型，上面的纹理很清晰，百分之百自动化，没有任何人工干预。飞机飞行结束，我们就做出来了。这项技术叫 Virtual Earth（虚拟地球），我们当时用这项技术做了全球 500 个城市，这项技术在 2007 年获得了 MIT 全球十大最创新技术之一。

2009 年 5 月，我回国进行二次创业，基于全球先进的云系统经验，打造国内首家视频直播公司——PPTV 网络电视。PPTV 应该是我们第一代的互联网视频公司，可能现在到第二代了。我们一直做到 PPTV 在中国拥有 3.5 亿的用户，而且覆盖的不仅是中国，每天播放的视频总时间长度有 4500 年。

你们是互联网的一代，所以可能不知道在没有互联网的时候是什么样子。但今天，我问你们一个问题，如果互联网时代已经结束了，互联网的下一代是什么，实际上这就是你选择职业要思考的。

社会有趋势，要迎着趋势来，选择专业也要考虑这个专业的趋势，这个趋势是不是影响力大，是不是你擅长的，是不是你喜欢的，无非就是要回答这三个问题，只有这三个问题回答好了，才可能成功。

下面我们来看看整个社会的发展历程，也就是历史。很多人问，为什么要学历史。前几天我女儿说历史没什么意义，我说历史不是让你背什么东西，而是要让你看历史发展过程中，为什么这个社会一步一步变成现在这个样子，中间有很多拐点。建议大家看一下混沌理论，社会的改变也很有意思。大家都玩过沙子，手上抓一把沙子，往下撒的时候，沙子就落成了一个堆。但是你有没有发现，你怎么堆沙子，都不可能越堆越高，不知道什么时候再落一粒沙子，沙堆就会崩塌。沙堆会崩塌，在系统理论中就叫拐点。实际上任何社会都会产生拐点，积累到一定量的时候就会崩塌，什么时候会崩塌我们不知道，但一定会崩塌。

下面我再讲另外一件事，现在我在做什么。我的职业基本上是每五年换一次。每到五年，我就觉得应该选一个新东西挑战一下。

我们讲讲人类社会中的几次大的变革。大家知道，蒸汽革命带来的产物是火车，因为火车才真正把各个城市连到一起，当时美国正是因为火车把东海岸和西海岸打通了，才有了美国现在的西部大发展。有了火车，整个欧洲大陆也连起来了，这就是第一次蒸汽革命，火车解决了人类的交通问题。

第二次工业革命是电气革命，发明了电，那么电的产物是什么呢？汽车，又是解决交通问题的，汽车把我们都连起来了，大规模的公路建起来了，形成了交通网络。第二次工业革命的核心产物就汽车。

那么第三次工业革命呢？就是信息革命，发明了计算机和互联网。信息把我们连接起来了，前面两次革命连接的是线下的生活，而第三次工业革命连接的是线上的信息。

实际上第三次工业革命我认为已经结束了，现在是第四次工业革命。现在的第四次工业革命，只有一个东西，叫人工智能。人工智能的产物是什么？是智能机器。最有效的机器人是什么？是自动驾驶，或者叫无人汽车，就是一个可移动的机器人。所以，以后外卖人员也不需要了，无人驾驶就能办到。这不是简单的驾驶，而是真正的无人却可以移动的空间。现在行业里还没有定论，但它正在发生。目前很多学校都在研发自动驾驶的体系和系统。

最后看一下，到了自动驾驶时代，地图就不是给人看的了，而是给机器看的。所以我们看看到底机器是怎么来理解这个世界的，也就是说什么叫人工智能。刚才说自动驾驶，自动驾驶开车的安全性是人类司机的一万倍。你永远撞不上它，它判断速度比你强，躲得比你快，想撞也撞不到，只是现在我们还不太敢这样做。但是别忘了，自动驾驶在好多年前已经实现了，中国所有的飞机、高铁全是自动驾驶，司机在里面只是做 Emergency Control（紧急控制），驾驶都是自动的。所以汽车将来也会实现自动驾驶。要实现自动驾驶，那就要生成一张自动驾驶的机器人能理解的地图，而不是人看的地图。给机器看的东西要密度更高，精度更高，要用密密麻麻的点把路上的每个位置都标出来，这也是测绘信息目前主攻的一个研究方向。

今天通过我自己的经历，介绍了一下测绘信息这个学科，但别忘了我一开始问你们的问题，选择哪一项，我没有一个标准的答案，但每个人来到这个世界都是要完成你自己的这件作品。这件作品其他人都帮不了你，只有你自己去体验、去努力、去奉献，才能完成自己的使命。谢谢大家。

学生提问 1：您对于测绘信息有什么认识与看法？

回答：测绘信息学科刚才我已经介绍了一下，实际上每个学科我觉得都有它独到的地方，有它最核心的问题。对你们来说，选择专业也好，选择职业也好，我觉得还是那三件事。我刚才没给答案，正好你来了，请问这三个当中，你选哪个，如果只能选择一个的话。（学生回答 1：我个人觉得这三个方面在实际情况中是有重合的，但我肯定会和大部分人一样，选择那种有影响力的，最具有前景的。）其他同学呢？刚才那个同学觉得要找一个影响力大的，还有没有其他的选择？（学生回答 2：做自己最喜欢的。学生回答 3：我觉得不管是影响力大的，还是自己喜欢的，你都不一定能做出来，只有自己擅长的，才真的有希望把这件事情做成功。）

嗯，好，答案 ABC 都有了。实际上并没有一个标准答案，因为个人的选择在于自己，但是我给大家一个提示。比如运动会上，班长一定要你们来报项目。大家发现了吗，在报体育项目的时候，你们的第一个选择是什么？自己最擅长的，是吧？你可能最喜欢看排球，看一百米，但喜欢看不代表你一定擅长，擅长不代表你一定喜欢。这三个元素如果能融合到一起，当然是最好。但实际上任何事情都不可能让你百分之百满意。因为你的认知还很少，不知道到底什么是你最喜欢的，你甚至都不知道身边哪个女孩子或者男孩子是你最喜欢的，更别说这个专业到底是不是你最喜欢的了。当时我们毕业的同学里选择生物的、医疗的、材料的、建筑的，五花八门，最后实际上能够做出来的，都是在这个工作领域内能做到更好的，做到差异化、有特色的，而且还要努力去塑造这种能力。

我认为当你们进到同济来，智商水平基本不相上下，最核心的差异就是你的自学能力和勤奋程度。聪明固然重要，但还要有另外一个因素，就是勤奋，要有毅力。什么叫毅力？毅力就是那件事你可能根本不喜欢，但你坚持下来了，成功了自然就喜欢了。

学生提问 2：我之前看新闻，特斯拉的无人驾驶 3 个月内出了 4 次车祸，网上也有一些分析，说无人驾驶要两个方面，一个是硬件感知方面，还有一个是软件编程方面。对于特斯拉 3 个月内就有 4 起车祸这件事，您的看法是什么？还有一个，关于您刚才提到的，飞机中使用了部分无人驾驶。据我所知，好像飞机里有两种模式，一种是无人驾驶模式，用于规定航道内匀速航行，还有一种是手动模式，用于起飞和降落过程，而且之所以飞机能进行匀速无人驾驶，是由于地面的航空管制中心安排了规定的航线，可以保证这条航道上同时只有少量的飞机，将不可控因素控制在合理范围内。但如果是无人驾驶，道路上的不可控因素太多，这种情况下有人提出利用 5G 网络建立一个类似航管中心一样的控制中心，分配每辆车的车速、车距以及航行路线，对此您是怎么看的？

回答：问的问题非常漂亮，好，先回答第一个问题。特斯拉 3 个月内出 4 起车祸，我估计就在刚才这位同学提问的这 1 分钟里，全世界应该有 1000 起车祸了。所以世界上最安全的工具是飞机，因为可能一年都不会有几架飞机掉下来，但是在几分钟里出一起车祸，我估计是习以为常的事了。所以这样看来，机器驾驶的安全度，远远比人类驾驶的安全度要高得多，特斯拉 3 个月才出现 4 次车祸，我觉得已经很不错了。

第二个，也是一个非常有意思的话题，自动驾驶到底是一个无序的自动驾驶，还是一个真正可调度的自动驾驶？这个答案我觉得一定是后者。因为最早设计马路时，马车是可以随便行驶的，现在我们要求马车不能进城了，而且车不能随便开，必须遵守交通规则。所以到自动驾驶也一样，到了自动驾驶时代，我们一定会形成自动驾驶的规章制度，哪些路段是自动驾驶开的，哪些路段是不允许自动驾驶开的，或者哪些路段是不允许人类开的，这是我自己的设想，现在可能还没实现。那世界最后慢慢会变成一个什么世界呢？我们叫 Programmed World，可程序化的世界。实际上任何大规模的工业化生产，无论是飞机还是汽车，都变成程序化的了。所以自动驾驶一定要可控制，才能发挥高效的交通效率。

陈 勇

同济大学机械与能源工程学院

创新技术发展路径
破解能源环境难题

陈勇，能源与环境专家，中国工程院院士，工学博士，中科院广州能源研究所研究员，同济大学机械与能源工程学院顾问教授。主要研究领域为有机固体废物资源化与能源化利用技术、生物质能利用技术研究与开发等。曾主编著作6部，参编著作7部。曾获国家科技进步二等奖2项，省部级科技奖励4项，还曾获何梁何利科技进步奖。

新生院的各位同学，大家下午好。说实在的，30年前我在大学当过老师，然后就出国了，回国以后就一直在做科研。离开这种课堂教育也正好30年。平时我一般给研究生做报告比较多，与本科生的交流机会不是特别多，所以今天很荣幸能跟刚刚从高中升入大学的同学交流。我想大学之前的教育学习，应该是一种知识的全部吸收，老师告诉你一加一等于二，你就知道一加一等于二，把它记住就行了。到了大学，这是人生非常重要的一个转折，你不仅要接收知识，同时要学习如何运用知识，还要把这些知识变为技术，开发出更新的技术。今天，我的报告题目是"创新技术发展路径，破解能源环境难题"。

一、实施创新驱动发展战略

首先讲一下实施创新驱动发展战略。中央不断强调要实施创新驱动发展战略，实际上党和国家一直很重视科技事业，也取得了一系列举世瞩目的科技成就，但我们这样一个泱泱大国还没有进入世界创新型国家行列，中央制定的目标是到2020年进入世界创新型国家行列，我们还要经过两年的努力奋斗，所以中央在不断地激励创新。

不创新就要落后，创新慢了也要落后。

尽管我们在创新，但是没有自己的原始创新，总是在模仿，跟着别人创新，做得再多还是落后。习总书记说，创新能力不强，科技发展水平总体不高，科技对经济社会发展的支撑力不足，科技对经济增长的贡献远低于发达国家的水平，这是我国这个经济大个头的"阿喀琉斯之踵"。"阿喀琉斯之踵"是一个希腊典故，一般指致命弱点。我觉得这个比喻非常有意思，我们是"大个子"，但是还有很多致命弱点，其中一个就是没有自己的原始创新。但创新也不是那么容易的事，不是喊两句口号就能创新。实际上现在创新面临着很多挑战。

第一个挑战是创新在路上、在竞争。创新不只是我们一个国家在做，所有国家都在做，比如美国、日本、欧盟都出台了相应的创新发展战略，所以创新也在竞争，如果创新慢了就要落后，我们要提高创新的效率。

第二个挑战是创新的国际障碍越来越大。2018 年 9 月 26 日，习总书记在东北考察的讲话中提到，国际上先进技术、关键技术越来越难以获得，单边主义、贸易保护主义上升。当你落后的时候，人家支持你。当你追赶上来了，人家就防范你了，就设置障碍了。单边主义和贸易保护主义上升，逼着我们走自力更生的道路，这并不是坏事，中国最终还是要靠自己。所以现在国外搞一些小动作，归根到底就是想阻碍中国的发展。我认为从其他国家的角度来考虑，也是可以理解的。我们只能靠自己来进行创新。

第三个挑战是企业是创新的主体，这是国家对企业的期望。恩格斯早就说过，社会一旦有技术上的需要，则这种需要就会比十所大学更能推动科学前进。因为企业是社会的触角，它知道社会的需求在哪儿。今年的两院院士大会上，习总书记说，企业对基础研究重视不够，重大原创性成果缺乏，底层基础技术、基础工艺能力不足，关键技术都受制于人，所以我们面临的问题还是比较大的。而企业的关键核心技术受制于人这个状态要改变，就需要企业和科学家们的共同努力了。

第四个挑战是长期以来我们习惯于模仿别人，所以发现问题的敏锐性还不够。这个我就不展开讲了。

第五个挑战是创新的理念也存在障碍。陈清泉院士在一次报告中讲到，400 年前的欧洲文艺复兴给了我们巨大的启示，一个是直线思维向环形思维的转变，一个是开环思维向闭环思维的转变。

开环思维相对来讲比较简单，就是在发展的过程中粗放型发展，管它什么垃圾，管它什么资源，只要把东西生产出来，满足我们的需求就行了，这叫开环思维。闭环思维就得考虑资源的消耗、环境的污染等，要考虑循环经济和可持续发展。

直线思维和环形思维稍微复杂一点，直线思维就是看表象。我举个例子，前面走着一个人，我们在后面看他留了长发，从直线思维来思考的话，就说，那肯定是个女同志。但是现在时代变了，有的男同志也留了长发，所以环形思维就是，你要走到他面前去看，结果发现这是个男同志。这就是直线思维和环形思维最大的区别。

那么大家也要问，直线思维也行啊，看错就看错了，反正过一会再纠正过来就好。但对于我们做创新来讲，影响就太大了。直线思维带来了一系列问题，比如急功近利、造假抄袭。过去很多地方经济不发达，但非得搞个标志性建筑，这就是形象工程，形象工程就是急功近利，也是直线思维的一种表现。十八大以后，中央对形象工程问题予以高度重视，但是新的形象工程又出来了。比如倡导垃圾分类收集，效果怎么样呢？现在每个地方的垃圾桶都做得越来越漂亮了，但效果没有达到。只是告诉上级领导，这儿搞分类收集了，我们有分类收集的垃圾桶，但实际效果没人去关注。所以你去看垃圾桶里，可燃物、不可燃物、可回收的、不可回收的，都混在一块。最可恶的是，源头分类了，结果倒入垃圾车里又把它混合了。这种情况下，只做些形象工程，就是直线思维，实际上就是根本没有创新，只是讨好社会、讨好领导。

还有就是投机取巧，拿来主义，简单模仿。的确我们长期都在做模仿的事。从科研上来说，很多课题的提出，如果外国人没做的话，我们基本上就不敢做。生活上有更多简单模仿的事情。

创新需要土壤，那土壤是什么？土壤就是一个社会的环境，如果每个人都想着创新的话，那这个社会就是一个创新的社会。

但如果社会都习惯于模仿，那我们如何创新？比方说，很多综艺节目都有点雷同，有时候我在机场碰到一些年轻人，穿着破裤子、破衣服，实际上要先了解那是一种文化，叫嬉皮士文化，产生于 20 世纪的 60 年代的西方社会，当时因为一批年轻人蔑视传统，对社会不满，就染了各种颜色的头发，穿了破裤子、破衣服。但是现在，很多年轻人稀里糊涂的，也没说对社会不满就这样干了，你问他为什么，他说酷。所以，模仿可以，但要知道模仿的东西产生的背景，如果整个社会都是这样一种简单模仿，是无法创新的。到现在为止，我都不知道牛仔裤膝盖上外国人为什么要开两个洞，你们研究过没有？我们简单模仿，也在膝盖上搞了两个洞。咱们中医强调的是保护膝盖，不仅不要挖两个洞，还要再打补丁的，再加强才对。我讲这个例子，就是说只模仿不思考，如何进行创新。

还有一个问题，科学道德。科学本身没有道德的属性，科学可以为各种人服务，但科技工作者要有良心，要有品德。好的科学家会为社会提供正能量，不好的科学家会提供负能量。大家都在用手机，的确手机为社会发展提供了支撑，但是我们也要认识到手机存在的问题。一部手机的生命周期大概4.8年，在流通环节中，它的功能开发不到50%。而一旦新手机诞生，有人就想跟风去买。大家想想看，造手机需要多少稀有金属，需要多少财富啊。而且手机互相之间有时候并不兼容，企业与企业、品牌与品牌之间不兼容。我们把手机扔掉的同时，连充电器等其他副产品都要扔掉。上次我在一个高中做报告的时候，有同学提问，说陈老师你讲的虽然有道理，但是我们还是认为手机的出现推动了社会的进步。我并没有否认手机的好处，但是要意识到它存在的问题。现在有一种说法是手机拉近了人与人之间的距离，我不同意，因为人与人之间的感情疏远了，有可能变得更虚伪了。

二、科学制定能源发展战略

能源的发展非常重要，但能源发展战略的制定更重要，因为能源跟其他物质不太一样，它是人类生存的基石，没有能源整个社会就停滞了。那如何做好能源战略规划呢？

首先，要尊重规律，科学思考。能源具有投资大、关联多、周期长、惯性强、排他性强的规律。没有意识到这个规律的话，以为太阳能好，明天就把太阳能发展起来，但是想想看，之前那些能源投资已经非常大了，这样简单地淘汰掉不是浪费吗？能源多了没用，少了也不行，所以一定要跟需求相匹配。能源既是经济资源，又是战略和政治资源。很多技术并不是开发了以后就一定要变成产业化的产品，有很多是需要技术储备的，也有可能一辈子都用不到这种技术。而且能源是长周期的，一种能源从发现到最后变成主力能源，需要很长时间。

其次，能源的利用方式。我认为要转变观念，把节能和废弃物的能源化放在首位。据相关数据显示，中国的单位GDP能耗是美国的2.1倍，日本的2.3倍，英国的4倍，是世界平均水平的1.4倍。我们的能源利用效率比较低，浪费还比较大，尤其像高能耗的产品跟世界先进水平相比，差距还很大。当然我们这几年实际上一直很注重节能，过去差距更大，现在应该说差距越来越小了，但还需要进一步努力。

要优先实施节能战略，就要优先发展被动型的生物质能。大家可能不清楚生物质能，生物质能就是农村的秸秆、谷壳、粪便等，主要分两类，一类叫主动型生物质能，生产出来主要就是让它变成能源；另一类是被动型生物质能，是生产生活过程中不得已排出来的，像农林废弃物、畜禽粪便等。被动型的生物质能处理不当，就会变成重大的污染源。如果有效地利用，就会变成能源和资源。农产品加工的废弃物大概有18亿吨，2吨废弃物等于1吨标准煤的话，就相当于9亿吨标准煤。把这些利用好的话，就可以减排很多有害物质。

图1　太阳能光伏发电

还有，要大力发展地热能，要科学发展太阳能和风能。我国地大物博，地热能资源非常丰富。太阳能、风能是清洁能源，我们经常讲这些能源永不枯竭，清洁还无污染，但把能源变成能量需要载体。比如太阳能需要光电转换的电池板接收太阳能，接收以后转变成电能（图1），而制造这个载体是需要资源的，也可能会产生污染，同时也要消耗大量的电力。风能也同样，把风机叶片做那么大，需要消耗材料，所以一定要科学理性地看待太阳能和风能。如果每个科学家都想着自己享受，出现问题让后人去解决，我想这就不是好的科学家。将来同学们如果选择专业，我希望大家考虑一下这个问题。只要跳出直线思维和开环思维，不简单模仿，我相信一定能够创造出新东西，一定能做出好东西。

三、创新发展"城乡矿山"

什么是"城乡矿山"？人类社会生产生活过程中排出的各种废弃物，就相当于一座巨大的"矿山"。"城乡矿山"的概念产生于先有的"城市矿山"，"城市矿山"指的是电子和金属废弃物。经过工业时代300年以来的无节制开采，全球80%以上可工业化利用的矿产资源已经从地下转移到了地上，并且以垃圾的形态堆积在我们周边。相关数据显示，一吨废旧手机中可以提炼出150克黄金，一吨废旧电脑中可以提炼出300克黄金。

日本是一个资源贫乏的国家，但现在在电子领域首屈一指，那些稀贵金属是怎么来的？通过发展"城乡矿山"得来的。

中国当然也做了很多试点，我也去了很多地方，有做得好的，也有效果并不是特别好的。中国"城市矿山"做得最好的是深圳的格林美。习总书记2013年上任后去的第一个民营企业就是这家。大家想想看，把废弃物进行分选得多复杂啊，实际上都是需要先进技术才能办到的，包括拆解技术、剥离技术、提纯技术等。

刚才提到，"城市矿山"主要以电子垃圾和稀贵金属为主，但是人类生

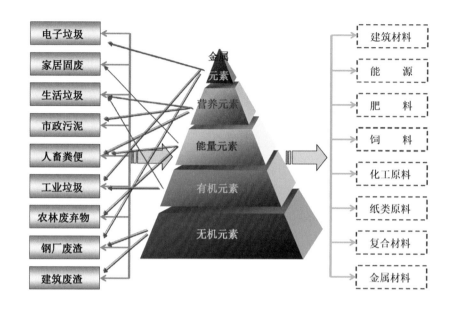

图2 "城市矿山"的概念和内涵

产生活过程中排出的废弃物远远不止这些。前不久中央电视台有个报道，说在夏威夷和北美洲之间存在一个新大陆，叫太平洋垃圾大板块，厚30米，面积达160万平方公里，相当于法国、德国、西班牙三个国家面积的总和。这就告诉我们，除了电子废弃物以外，还有很多其他废弃物，而且大部分废弃物是可以再生利用的，所以把它看成一座巨大的"矿山"（图2）。

发展"城乡矿山"有很多抓手，我始终认为要从生活垃圾入手（图3）。生活垃圾问题和厕所问题是横亘在中国建设小康社会目标前的两大障碍，也是制约中国社会经济发展的两大难题，更影响着中国的形象。首先要正确认识生活垃圾。生活垃圾中最应该关注的就是可腐垃圾，比如一个塑料袋丢在路上仅仅是不雅观而已，但它一旦跟餐厨垃圾混合，就变成新的污染源了，因为餐厨垃圾的发酵时间大概是24小时，有些地区可能十几小时就开始变质了，马上就会开始传播疾病，所以必须进行分类。像园林垃圾，清洁工扫成一堆了，风一来又吹散了，或者把它放在车上运走，这么轻的物料放在车上运走，要运多少车，浪费多少资源啊。如果这些树叶放进一个设备，让它

图3　生活垃圾集中综合利用系统

自然发酵，产生有机肥，再撒回公园不就好了吗？各个小区都这样做，就可以减少很多垃圾了，这就是一种处理方式。

四、实施乡村振兴战略

最后一个问题就是实施乡村振兴战略。有很多同学来自农村，如果我国想要建设成小康社会，现代化强国，农村问题不得不解决。发展农村，技术固然重要，但最重要的是人才。沼气技术发展了很多年了，但是在农村一直发展得不好，有技术问题，但更多的是观念问题和管理问题。如果在观念和管理上突破了，技术也同步在进步，我认为在农村发展沼气技术一定可以解决种植和养殖污染问题。实现种养殖的废弃物资源利用问题，还可以补充农村能源。农业秸秆等可以做成成型燃料，可以气化做成可燃气资源，还可以液化做成液体燃料和高值化学品，甚至在做能源的同时还可以联产其他附加值产品，比如活性炭、化工原料、生物肥料等。比如虾壳、蟹壳这些东西就可以提取各种高附加值的产品。

刚才讲的是各种各样的单项技术，但利用单项技术单独处置，效率难免很低，尤其对于废弃物来讲。所以我们提出了人居、养殖、种植等各种代谢废弃物协同处置，建立新的产业园。现在中央提倡农村乡村振兴，就要通过产业园的方式解决农村问题。

需要补充一点，解决能源与环境难题，需要各种学科的交叉，需要各种单元技术的集成，除了聪明智慧，还需要人文艺术的交流。我们搞工科的，千万别讲自己是工科男，好像不懂浪漫，不懂艺术，其实我们的工作也需要懂艺术。如果能把它变成一种美好的东西，让它既有社会效益又有经济效益，不就是科技与艺术的结合了吗？

最后，我想说，希望同学们能热爱能源与动力工程专业，致力于能源与环境事业，有不当之处，欢迎大家批评指正，谢谢大家。

刘 春
同济大学测绘与地理信息学院

智慧地球时代的
测绘地理信息

刘春，同济大学科研管理部副部长，同济大学测绘与地理信息学院教授，工学博士，博士生导师，国家注册测绘师，自然资源部重点实验室副主任，主要从事地理信息与卫星遥感的研究和教学。目前担任国家"十三五"重点研发计划项目首席科学家、国家"十三五"重点研发计划指南编制专家、联合国教科文组织地质灾害减灾委员会委员和国际数字地球学会中国国家委员会专委会副主任委员等多个学术职务。主持国家自然科学基金、国家"十三五"重点研发计划、国家"973计划"课题等30多项国家科研项目。获省部级科技成果奖5项，授权发明专利7项，合著中英文著作6部，发表学术论文120余篇。

各位同学，大家好！我来自测绘学院，一直在做与测绘相关的科研工作，今天想跟大家聊聊测绘和它所涉及的一些新的技术。

一、什么是测绘

测绘是要把地球上的几何内容和相关信息采集起来。

测绘难不难？测绘很简单。大家中学学过几何，只要有角度和距离，立体几何任何一个点的位置都可以计算，所以测绘门槛很低。大家只要训练一个礼拜就会操作这个仪器了。但若想把地球的完整信息表达出来，甚至把整个地球测完以后快速计算出来，这难度就很高。

所以测绘的入门很简单，进阶很难。

我们原来学测绘，都在学怎么操作仪器。20多年前我读大学的时候，我的首要任务就是学习怎么操作观测仪器，然后跑遍祖国各地，到现场去测绘。在座的很多同学会有疑问，难道将来读书的时候或者毕业以后就要干这件事吗？对，是要干这件事，但现在有很多好的解决办法。实际上所有测绘信息的测量技术手段目前都有新的技术。原来现场去测，现在通过卫星来测。我们在非洲建一条高速公路的时候，高速公路要进行定位，如果用传统手段去定位的话很难，用GPS很快就能定位。现在地球外太空有很多卫星。有光学卫星，可以看清楚大家在校园里做的任何事情。有雷达卫星，还有手机中的导航卫星，这些都帮助我们替代原来传统的测绘手段。虽然现在测绘的理论和概念还是以几何测量为主，但手段发生了变化，甚至在低空也可以用无人机去测量。当然现在大家熟悉的大疆无人机跟我们所谓的无人机还是有本质区别的，大疆是娱乐及消费级的移动飞行平台，我们所说的无人机是专业级的测控平台。

当前测绘技术手段有了很大的变化和发展，并已从以地面观测为主转为以立体空间的对地观测为主。比如用几十种类型的卫星来进行观测，海洋有海洋卫星，重力有重力卫星。从单一传感器转为新型传感器，例如雷达、激光都能帮助我们进行测量。从纯粹的几何计算发展为海量数据或者人工智能

图 1　测绘界 9 位院士齐聚同济，庆祝测绘学科 80 周年

计算。从简单的数字化表达发展为现在全息化、多维信息的表达。实际上这几个转变让测绘发生了根本性的变化，所以现在所有的学科建设以及人才培养方案，都是围绕这些转变进行的。我们要学很多新型传感器，引入大量人工智能技术手段来帮助我们做全息表达、做 VR 增强现实模拟等。当然，这些东西跟传统测绘还是分不开的。

我们同济大学测绘学科的优良传统，可能很多同学并不了解。夏坚白院士是当年同济大学的校长，后来有王之卓院士、叶雪安教授、陈永龄教授。20 世纪 50 年代进行院系调整的时候，测绘在同济非常厉害，后来夏校长带领整个测绘的班子转移到武汉，成立了武汉测绘科技大学，实际上武汉测绘科技大学的前身就是我们测量系，今天还有很多院士是我们测量系的，比如方俊院士、许厚泽院士（图 1）。我们测绘专业有一门测绘学概论，这门概论课大概有八位院士来教授，他们都是目前活跃在一线的院士。当年像我认识宁津生院士的时候，他还年轻，现在已经是 80 多岁的老人了，走路不太方便了，但思维还是非常敏捷。夏坚白院士在 1943 年《我国测量教育管见》一文中提到，其实同济大学测量系是仿照的德国。为什么当时要仿照德国呢？

因为我们测量的发源和真正的学科建设起步都是在德国，现在很多技术手段实际上最初都是从德国引进的，所以当年的学科和课程建设要参照德国。同样，李约瑟博士在 1943 年我们西迁的时候也提到了，在李庄，给人感觉印象尤其深刻的，就是叶雪安博士带来的测量系。当年测量系带来的精良设备，对我国勘测员的培养帮助极大。所以测绘学科的底蕴非常深厚。

二、专业视角看同济

接下来我们直接进入主题，用专业的视角看同济大学。大家来同济大学已经三四个月了，对四平路校区都非常熟悉了，现在还有谁不知道衷和楼吗？其实大家对我们的地标已经非常熟悉了，各位甚至很清楚哪栋楼有什么特点，但是实际上各位观察得还不是非常仔细。真正的四平路校区校园图是这样的（图 2）。这张图是我们测绘人员做的测绘地图，这张图是怎么做的呢？是用卫星航空影像去提取地物，然后做了一些渲染，三维立体形成的一张图。

图 2　同济大学四平路校区校园地图

在座的各位可能拿到过学校发的一张同济大学地图，其实这张地图是我们带着学生一起完成的。所以给大家的第一个印象是，原来测绘是做地图的，原来火车站出来小商贩卖的地图是测绘人做的。对的，是我们做的，而且做得很漂亮。当然了，小商贩卖的地图是盗版的，我们是正版的，因为我们有编号，所以记住，以后拿地图一定要拿正规渠道带版权的，这是受法律保护的。

2017年同济大学建校110周年的时候，地铁改造把校门重新修缮了一下，这是一张很精细的校门的全景三维地图（图3）。为了避免人来人往的干扰，因此是在一个上班高峰没有来临的清晨，用测绘级的激光扫描仪扫描获取的。大家看，台阶很清晰，纹理很清楚。其实这张结构图就是我们的一个本科生毕业设计时做的，他把所有的纹理信息都采集进去了，而且做了一个轻量化

图3 同济大学校门的全景三维图

的改造，使得在电脑里可以很轻松地读取、演示。这名同学为什么要做这张图？难道只是为了今天上课给大家看一看吗？当然不是，因为上海有几千栋历史保护建筑，这些建筑随时随地都可能会被损坏。如果把优秀历史保护建筑用非常完整的数字化手段保存下来，那对未来历史文化遗产的修缮、再建是有积极意义的。三维模型中，实测的精度跟模型量取的精度大概在毫米级，意味着一旦有些建筑被破坏，从模型上我们直接就可以对原始物品进行恢复了。通过这些工作，我们把上海外滩的几百栋建筑全做完了，虹口有很多历史建筑，我们也通过这种技术手段完成了。这个对大家来说是一项非常难的内容吗？不是的，很多工作都是通过本科生课程设计、课程实习完成的。

大概在2018年年底之前，我们要把全息小屋建在学校的博物馆，各位可以来这个小屋看看。进去后带上特殊的眼镜，就可以浏览整个校园。也可以浏览嘉定，甚至我们在雄安新区做的一些大的规划、项目的方案，亲身去浏览一遍，感受一下同济大学很多学科所形成的成果，最后我们想通过这个来展示测绘在智能处理和信息集成方面所发挥的优势。

大家肯定会有疑问，讲了这么久，没有讲拿着测绘仪器到底去干什么。我说个秘密，其实大家看到的一些测绘仪器都是用于小区域范围测量。对于大场景、大工程基础设施的建设，这种装备就很难发挥作用了。东海大桥全长30多公里，怎么去测？而且涉及地球的曲率，平面测算有很大问题。

所以测绘人去看同济，跟其他学科的人看同济是不一样的，不一样在什么地方呢？我们看得更精细，而且还会从空中看、中间看、地下看。

同济大学整个校区的所有地下管网我们也有，可以很清楚知道整个地下管网哪个地方有一条管线，这条管线目前是否正常。这些工作都是我们测绘要做的。

三、计算机视觉与场景建模

智能测绘里面的新技术是什么？我想跟大家解释一下计算机视觉与场景建模。2018年上半年，我在跟很多中学生交流的时候，他们说非常喜欢计算机的一些视觉的东西，也非常想做一些计算机视觉的工作，但是他们对计算机视觉还不太理解。他们问我，是不是考计算机学院、电信学院来做计算机视觉？没错，但他们做的东西跟测绘做的东西不一样，我们要做场景建模。这是我们做的第一代车，这辆车很有意思，我做了十年（图4）。车很笨，但抗摔，所有人踢它两脚都没事。这辆车上装了两个关键东西，就是两只"眼睛"，这两个相机就是"眼睛"。在座的各位都是用两只眼睛去看世界。我们做个实验，请大家闭上一只眼睛，然后两根食指慢慢对上，看是否能对上。大家再试一下，睁着眼睛把两只手指对上，能对上吗？你会发现，很多人一只眼睛，百分之七八十都对不上；两只眼睛是百分之百对得上的。这是为什么？因为一只眼睛就相当于一个相机，所看到的就是一个场景，只能知道这个东西在这个方位上，但不知道到底离你有多远。两只眼睛才能把三维的目标交汇出来，才能知道它的确切位置。最近谷歌、微软在做"深度相机"，它可以做深度测量，除了有一个相机之外，还有一个激光扫描来测距离。我们仿照人，用两个相机，一边走一边看，同时这个车上还装有避障和惯导装备，"惯导"就是惯性导航。有了惯导，这个车的任何姿态都能测出来了。就像手机放在口袋里可以记步数，实际上是测你的行为姿态，因为手机里也放了一个惯导。这个相机和惯导的作用是定位和定姿，飞机在空中飞，就是为了定位和定姿，通过它我们就可以进行测量。

图4 刘春教授团队做的第一代双目立体相机数据采集平台

刚才我说这款车比较笨，后来就做了第二款轻量化的，一辆有多个"眼睛"的车，还有两个"耳朵"是激光扫描仪。大家有兴趣可以到实验室看看，我们最近一直在做实验。这是六个相机，这些相机有些是 RGB，有些是红外，有些是可以做特殊用途的，然后两只"眼睛"在上面进行惯导，下面是移动平台，车子不断走，它就会不断跟踪。如果大家关注行业技术发展就会发现，现在有开放移动平台，很多做机器人的人都去网上订购移动平台来嫁接这种传感器。

测绘为什么要去做这个？因为测绘要从单一传感器向复杂多传感器靠近，要把静态测量变成动态测量，一边走一边测，这是测量的发展方向。从技术上来说，两只眼睛交汇的地方是可以测量的。如果是多个相机，就可以通过后方位来定位，观测的区域就更大，将来建立场景的能力就更大。国际上进行技术竞争的地方就是做好不同场景的一个点的匹配。就是要在两张照片里快速找到同一个东西，而且要准。目前国际上做得最好的是两个相机的匹配，我们可以做到六个相机的匹配，六个相机的匹配意味着我们对场景的观测能力提高了很多倍，将来可以拿这个车对场景进行测量。

大家都听说过无人驾驶，那无人驾驶是干什么的？就是车开过去，场景自身感知，如果有人的话就要避开。测绘不做无人驾驶，但做无人驾驶车的场景建模，将道路上的场景快速识别出来。大家记住一点，无人驾驶实际上是希望有这个地方的场景来做计算，开的时候找到动态目标去避障，所以这个工作分为两部分，一部分由我们测绘学院来做场景建模，另外一部分由汽车学院来找动态的场景进行规避。最近我们一直在做深度学习架构的算法，我们测试了很多国际上的深度学习架构。架构基本上是成熟的，但是怎么把这个样本设计好，怎么提高它的识别能力是最重要的。未来无人驾驶的时候，所有的导航地图，无论是二维的场景地图还是三维的，都是由测绘通过移动测量技术提供的，而这个技术是同济大学目前主要的研究方向。无论是从设备上、集成上，还是从后续的处理以及地图的生成上，我们都做了大量的工作。

再举一个例子，我们也可以做很多模型的优化。我们做了红军文物的三维模型，比如红军的草鞋、斗笠等。以前做模型很难，需要一个一个测，然后去勾。现在就没必要那么费劲了，用手机就可以拍。把文物放在桌子上，桌子一转，相机一拍就有了。但是有一点要求，就是两个拍摄的地方一定要有重叠，所以要拍得很密。照片跟照片要有重叠区，没有重叠就没有匹配，没有匹配就不能做三维测量，一定要匹配重叠才能实现三维测量，这是视觉测量的基本原理，就是在相机拍摄的时候要有重叠，有两个重叠以后就可以两个景象交汇一个三维点。重叠率越高，匹配能力就越强，表达的东西就越丰富。当然重叠也不能太多，太多计算量就很大，拍完以后需要自动匹配，不能由人手动去点。早期的航空摄影测量，匹配点是人工去点的。计算机视觉技术发展到现在，算法有了很大提高，已经不需要人工了。现在也可以对人体建模，有学生创业在机场开了一个三维照相馆，就是一个小屋子，进去后摁一下按钮把照片拍下来，屋子里面装了十个相机，灯光一打，相机瞬间拍完照。等几天后从机场回来，三维打印的模型就寄到你家里去了。视觉技术发展到现在，我们希望看到的东西，其实就是现在极力去解决的东西。

四、无人机平台的监测与场景建模

刚才谈到无人车，接下来我要讲无人机平台。一方面我们做了这部分工作，另一方面我想消除大家的一些误解。前段时间进博会，规定"轻小慢"一律不准上天。现在无人机很热门，无人机的定义就只是一个飞行平台，一个飞行器，这对测绘来说没有意义，我们关心的是飞机上装了什么，装的东西能不能帮我们进行测绘。那无人机上可以装什么？摄像头、相机、雷达、激光等。我们自己做了一个相机，叫光谱相机。为什么要做光谱相机呢？大家现在所看到的东西都是可见光波段，但是很多东西在不可见光波段才能够被读取，比如一些水很脏，人眼可能看到它发臭、发黑了，那到底它的氨氮含量多高是不知道的，但光谱能帮忙做，所以现在要突破光谱相机。为此我们跟物理学院的团队合作，在卫星载荷上所有的光学镀膜都是这个团队做的，我们请他们来帮忙做一个简单的镀膜镜片。这个镜片说起来很简单，就是要在相机上面镀一层薄薄的膜。通过这层膜，只有一个特定的波段能够进到相

图 5　上海迪士尼乐园实景三维模型

机里，其他波段的数据全部过滤掉了，而这个特定的波段恰恰是能帮助我们进行计算的，这样就可以进行水质监测、生态检测等。

测绘在各个行业都发挥着作用，测绘专业的学生也非常受欢迎，因为很多行业都需要我们的技术手段来帮助他们。我们还做了迪士尼的模型（图5）。那是无人机飞了三个早上完成的。做整个迪士尼的模型成本很高，预算可能要两百万，我们大概两三万就可以把整个细节都拍到，所需费用只是一些人员的费用。当然如果用的相机有足够高的精度，就可以做得更精细。可一旦更精细，也就意味着计算量翻倍，普通的计算机是不行的，最近我一直在改造计算机集群，准备在下一版本改造的 4 个集群，用 GPU 来计算，可以从原来算两天生成改为算一天生成。这个技术其实已经发生了非常大的变化，这个工作跟大家以往用无人机做一些航模飞行有本质的区别。我们要去解决实际的问题。

刚才我讲了，用激光扫描仪可以建大型场景。3 年前我买了一台激光扫描仪，它可以扫 4 公里，用它扫东方明珠塔，可以把东方明珠塔的三维模型全部扫出来。我买这个设备不是为了扫东方明珠塔，而是要扫西部的一个滑坡。我们跟城规学院合作，做数字景观的保护。这个地方非常漂亮，要申请联合国教科文组织的非物质文化遗产，但这些数据怎么提交呢？怎么让联合国教科文组织的人认可？对我们来说也是一个挑战。我们用测绘的技术对它做全息的数据采集，建立一个数据档案，这就是交给我们跟城规学院景观系的一个课题。这个工作做完以后，联合国教科文组织还是非常认可的。后来，我们这个工作已经作为未来向联合国教科文组织提交非物质文化遗产的一个标准了。

五、室内外的一体化建模与管理

接下来讲室内外一体化管理，为什么要做室内外一体化的管理呢？如果我们有了一个房间的三维图，那我们能不能进房间里去？这个房间里是什么情况？里面的图跟外面的图能不能整合在一起？当然可以。我们做了一个同济大学资产房屋管理系统，就是运用地理信息系统把三维模型建立起来（图6）。同济大学在上海有五个校区，四平路校区、嘉定校区、沪西校区、沪北校区和临港校区。我们对每个校区里的所有楼都进行管理，知道每个楼，甚至每一层楼是干什么的。这层楼每间房间谁在里面，现在学校还有多少面积可以用，学生在哪个地方可以上晚自习，等等，平台上一查就知道了。像我们整个土木大楼、衷和楼，大概扫两个小时就全部结束了，扫完以后用数

图6 同济大学房屋管理信息系统

据的处理手段，把数据进行拼接就行了。临港校区我们做的是海底观测网络，测一些海洋数据。

讲到这里，我想大家已经明白了，今天想告诉大家的是我们做室外、室内的测绘建模，最终的目的是要为我们提供更好的服务。

六、科学与工程技术的智能研究

我还要介绍一些更远大的科学技术智能研究，不要以为测绘人就是天天摆弄那些仪器，我们也有情怀，有格局，我们也做科学。我们学院一个年轻老师已经上"雪龙号"去南极科考，到南极帮我们采集更近、更新的地表跟地下数据。大家知道，全球气候变化对我们影响很大，南极冰盖不断消融，导致海平面上升，极端天气越来越多。科学研究表明，这些问题会引起厄尔尼诺现象，冰盖融化会使全球的磁场、重力场产生变化。重力场发生变化后，整个地球的能量是不平衡的，它要平衡就涉及海水的海流变化。洋流一发生变化，灾难就在所难免。同时，我们还在四川一些大的滑坡上做了一个大的监测网络，通过卫星监测的数据实时传到同济大学，做灾害的预测和预警，并且也成功地实现一些预警。

我知道，很多同学不太愿意过于关注工程问题，更愿意做科学研究，因为他们对自己有更高的追求。可能你们第一天进同济，就跟家里人说本科已经满足不了我了，未来一定要去读研究生。做科学研究的时候，如果一个硕士生的工程研究就足以支撑你的博士论文，你还非要去读博士，却没有科学问题的定位和追求，那用什么来支撑你的博士论文呢？所以我们鼓励学生做基础研究，做原创性的工作。未来同济大学也会向基础研究转化，出一些基础研究成果和原创技术突破的成果。那怎么突破呢？我给大家举个例子，前两年我们做了一个智能交通的项目。现在车上都有GPS。GPS是干什么用的？为什么出租车要装GPS？一个是调度，一个是安全。万一有人劫车，司机按个键就报警了，然后就可以跟踪这辆车。有了GPS，就可以准确知道，每辆出租车在马路上的行驶速度，判断现在上海的路网是不是堵。通过定位数据来反算上海道路的交通状况，也是我们要干的事情。我们还做了一个后视镜，车道上的位置能定到后视镜上，甚至连它在这个车道跟谁碰撞都有预警，这个成果我们前不久刚刚获得了教育部的科技进步奖。我们现在从处理、终端、应用已经全部铺开了，未来还要向保险公司推广。你不愿意装，你的保险费就要增加。你装了，降低车祸率，即使出了车祸也能判断是否属于骗保，并快速理赔，大大提高工作效率。

当然，在上海的其他工程领域我们也做了很多的工作。早些年在东海大桥桥梁建设的时候，我们也发挥了很大作用。东海大桥建桥时，桥墩的定位最重要，要在离陆地几公里的地方把桥墩的位置精准确定是一件很难的事情。以前从陆地上观测去调，发现行不通。后来是通过卫星定位方法来实现的。挖隧道有一个工程技术叫盾构，就是一个盾构机到底下，像钻地一样钻东西出来。现在的地铁就是盾构，下面挖个洞，然后盾构机下去往里冲，一边盾构一边挖，同时把管道很快地铺上去。但东海大桥在海上，海上不能挖怎么办？海上叫沉管，大概做到 6 厘米的精度。我们通过陀螺仪，精细化定位，实现贯通。如果贯通不了，就完了。曾经有很多隧道打到这里就偏掉了，那这个隧道就整个报废了。不过我们最后顺利贯通了。

我再给大家稍微解释一下关于城市空间数据的智能化。在上海，大家完全可以相信上海的空间数据是非常完整的。上海的整个测绘"十三五"规划是我在负责编制的，我们编制的目的是什么呢？就是要做现状和历史、地上和地下、二维跟三维、线画跟影像的基础和专题。大家不用担心上海的基础设施的健康状况，我们在上海的地铁、隧道、跨海大桥、密集高层都会装很多传感器，包括我们学校的衷和楼都装了高层建筑的传感监测，这个数据是统一集成到我们控制中心的。如果这个地方发生形变和周边发生形变，我们第一时间就会预警。

同济大学每年夏天都会被淹的，就在校门口那边。为什么会被淹？有这么几个原因。第一就是当时的地铁建造时，把我们的地势降低了。原来我读书的时候，同济地势是比外面高的，现在因为造地铁，外面的地势抬高了，我们变成洼地了。别人看不出来，我们一测就知道低了多少厘米。第二，一旦发生水灾，我们的排水设备排不出去。第三，同济大学下面的管网有很大一部分是废管，那里面淤泥堆积不能排水，导致水淹。那怎么办呢？最近我们学校改造，设备坏了就再买一台新的，让它动起来。虽然测绘干的事情是比较局限，但跟城市的发展和建设是息息相关的，所以上海这样的城市进入到运营阶段，是有大量的基础设施需要我们运营的，我们要通过新的技术、智能化的技术、通信的技术把数据采集进来，进入到控制中心，再通过专业的手段进行分析。通过分析找到问题，进行预防，这是我们要做的事情。

七、结语

最后梳理一下。第一，同学们要相信同济大学的学科历史和传承，也许原来不知道测绘，但你现在不能不知道测绘；也许你原来不知道测绘能做什么，现在你该知道测绘能做什么。第二，目前测绘技术确实发展太快了，新的技术、智能化的技术应接不暇。很多学生看得眼睛都花了，不知道这么多东西怎么处理。但不要着急，你只要认准一点就行。第三，我现在说的所有例子，都是跟其他学科进行交叉融合，才找到新的问题，并解决问题的，所以不存在学科之间都是孤岛的说法，学科之间的交流非常频繁。同济大学最近成立了很多交叉学科创新实验区，将来你们也可以关注一下这些交叉学科。

任何一个搞科研的人，必须要有文化、有情怀、有格局。

我经常跟学生说，我们不要做科技民工，当然我这个话不是对民工的贬义。科技民工很辛苦、很累，但他永远是跟着别人在走，他自我的主导能力太低了，所以他的附加值就低。我们所谓的文化和情怀，就是要知道你有一个很高的目标来做科学研究。各位同学，如果以情怀和格局去开展你四年的学习，你将会一往无前，非常顺利！

谢谢大家！

周怀阳
同济大学海洋与地球科学学院

探索未知海洋的双截棍：
科学与技术

周怀阳，同济大学特聘教授，海洋与地球科学学院博士生导师，第一位乘坐"蛟龙号"深潜的科学家。曾任中国大洋地球与环境科学研究中心主任，国家"973计划""西南印度洋洋中脊热液成矿过程与硫化物矿区预测"项目首席科学家，国家自然科学基金委海洋学科评审组专家，国家"863计划"海洋领域专家，国务院大洋专项"九五""十五"期间环境项目首席科学家等。还曾多次担任大洋航段及其他海洋科考的首席科学家。长期从事海洋地质地球化学和海洋原位探测技术的研究，迄今已独立或与他人合作发表论文180多篇，主编中文著作3部，参与撰写国际海底管理局英文专著1部。先后获得同济大学"卓越教师奖"，全国优秀科技工作者，全国五一劳动奖章等奖项。

各位同学，下午好！非常高兴和大家一起分享我近 30 年关于深海工作的一些体会。今天主要分四个部分来介绍有关海洋科学方面的工作，特别是海洋技术的目的和有关方法。

一、无比美妙的海洋

我们可以从文学、历史、科学、技术等各个不同的视角，用无数字眼来形容和描绘海洋。提到海洋，首先可能就会想到海洋是那么广阔，地球表面 2/3 的地方是被海水覆盖的。海洋是那么美丽，用世界上各种语言中"美丽的"这一形容词来形容海洋都不为过。海洋里有丰富的渔业资源、矿产资源和石油资源。海洋有时非常安静，有时又那么可怕。海底和陆地比较的话，海底是年轻的，全球海底的年龄不超过 2 亿年。我们知道，地球已经有 45 亿年的历史了。

海洋还有那么多的神秘和未知。如果有机会到深海去，不管是坐有人的潜器下到深海，还是用无人的潜器探测深海，深海 200 米以下只会感受到完全的黑暗，那是可见光到不了的地方。你熟知的生物，深海能看到的非常少。深海的生物一般都比较小，但也有很大的。比如这个海绵，是一种动物，有 1 米多高（图 1）。这两个光点是我们潜器上面打出来的两个激光点，用来量尺寸的，两个光点之间的距离是 10 厘米。这个海绵一天过滤的水相当于几个游泳池的水，过滤这么多水的原因是深海的水营养非常少。这也是一种海绵，它有一个浪漫的名字叫作"偕老同穴"（图 2）。这种海绵里总是有一对虾在里面，一雄一雌。应该是在两只虾小的时候到海绵里面去的，之后长大了就出不来，靠海绵过滤的营养和水来生活。在深海还可以看到各种各样奇怪的生物，但是到目前为止还没有办法用达尔文的进化论来解释的就是，深海里面的很多大生物都有各种各样的颜色。适者生存，而这些不同的颜色在这些暗得完全没有可见光的条件下，到底有什么用处，到现在还没有很好的答案。

照片上这些比较大的生物在深海实际上是很少的，我们偶尔能遇到，绝

图 1 深海生物

图 2 深海生物"偕老同穴"

图 3 热液

图 4 把鳍当脚的海底生物

大多数深海的海底是非常荒凉的。主要原因是深海海底生物要靠海洋表层光合作用合成的有机碳生活，而从海洋表层掉落到几千米海水深处去的有机碳是很少很少的。但是在个别地方，比如有海底热液活动的地方，生物量是可以跟热带雨林相媲美的，就像沙漠里的绿洲一样，被称为"深海的绿洲"（图3）。除了热液，冷泉也一样。这些地方构成了地球上第二个有别于阳光食物链的食物链，被称为黑暗食物链。这套生态系统的初级生产，是那些能进行化能合成的微生物或古菌。它们利用从海底下面上来的氢气、甲烷、硫化氢等，将无机碳合成有机碳。在深潜中，我们幸运地拍到这张照片，这条鱼可以把它的鳍当脚来用，这可能就是生物进化的一个指示（图4）。

深海，对于我们这些生活在陆地上的人类来说，最大的意义是它的资源和环境，以及我们希望了解、探索的地球奥秘。

二、资源与环境的科学

2003 年，有个美国科学家叫 Rona 的，将当时全球几乎所有科学家对深海金属资源调查的资料综合起来，制成这张图，发表在 *Science* 上（图 5）。从这张图可以看到，我们现在了解的资源主要还是沿着近海分布的，很多资源是砂矿。在深海中，起码有三种比较重要的矿产资源。一是铁锰结壳，二是铁锰结核，三是多金属硫化物。当然还有其他一些矿产。

这是火山岩上面的铁锰结壳，在不同的地方结壳的厚度不同，它的物质来源主要是水体里的物质，慢慢沉降堆积起来的（图 6）。还有铁锰结核，在全球海底 1/10 的地方都有或多或少这样的铁锰结核，它是怎么形成的？为什么是在这个地方？这些问题，全世界的科学家至今都还没有很好的解释。

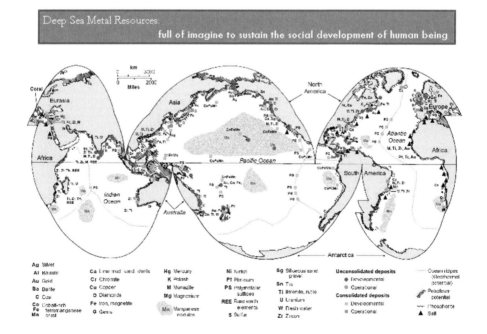

图 5　深海海底的矿产资源分布图 (Rona，2003)

图6　火山岩上的铁锰结壳

最大的问题是这些铁锰结核的生长速率非常缓慢。把结核切开之后，几乎所有的结核都有核心，都是同心圆状，整个结核是从核心往外长。一个小小的像煤球一样大小，几厘米直径的铁锰结核，生长时间可达几百万年。而跟它同时期的外面的沉积物，虽然其沉降速率已经很缓慢了，但还是比这些结核的生长速率要快三个数量级以上。也就是说，结核如果是一个毫米的话，沉积物的厚度可能已经是一米了。铁锰结核里面主要的成分是铁和锰，铁和锰比周围的沉积物比重大，这么重的结核滞留在海底表面。在海底表层沉积物下面基本上是没有结核的，这些结核就滞留在沉积物的表面。为什么会这样呢？到现在还是个谜团。另外，结核为什么分布这么均匀也仍是未知。第三种资源是热液硫化物，分布在板块扩张中心，就是所谓的洋中脊或弧后扩张中心。

　　20世纪五六十年代，有关铁锰结核等资源的开发问题还引发了有关现代海洋制度的大讨论，讨论的结果就是形成了国际海洋法。在国际海洋法形成之前，有关海底的资源是没有法律的，谁有能力谁开采，谁开采谁得利。

有了海洋法之后，建立了三个大的机构。一是大陆架界限委员会，在联合国总部。现在国家之间的海域争端，就由这个专家委员会来处理。二是国际海底管理局。在国际海底的资源由牙买加金斯敦的国际海底管理局来协调和组织。三是国际海洋法法庭，裁决处理一些争端。这就是现代海底法律制度。现在我国在国际海底有多金属结核的勘探合同区，有富钴结壳的勘探合同区，有热液硫化物的勘探合同区。这三种勘探合同区都是向国际海底管理局申请的。

三种资源中，最有可能先行开采的是铁锰结核。包括我们中国在内，世界上的一些国家，都在想今后怎么进行采矿。目前一般的概念是，通过海底的行走车把结核弄进来，粉碎处理后再通过管道一个泵一个泵地打到海面船上来（图7）。如果用这种模式进行采矿，那现在就要考虑有可能对海洋环境造成的危害了。采结核的时候，不仅会直接损害毁灭行走车轨迹上和附近的底栖生物，而且会将海底沉积物搅和到上面水体中来，对更广大范围内的生物有影响。另外，海面上采矿船的尾沙或废水的排放都会对表层海洋生态

4000—6000 m

图7　海底采矿

造成影响。

海底还有石油，300 米水深以深就叫深海油气了。差不多十几年前，我们国家几乎没有能力生产深水油气。通过努力，现在慢慢地也可以做到了。

对从事海洋科学技术和研究的人来说，更希望了解的是整个地球系统里海洋和大气的相互作用，了解气候变动和大洋循环，了解湍流混合和生物物理的相互作用，以及海洋生态系统和深部生物圈，板块尺度上的地球动力学、地球物质循环等。

如果有机会坐潜器下到深海去，会对水温变化有十分深刻的印象。因为潜器里是没有空调的，所以潜器里的温度明显受外面环境温度的影响。到 1000 米深的时候，环境温度大概是 5℃左右，到 2000 米深，大概是 2℃多一点。我们国家现在还在做 11000 米的载人潜器，以后有机会坐上这种潜器去 11000 米深的地方的话，环境温度也就一点几摄氏度。从 1000 米往下，环境温度变化越来越小。因为深海的温度变化非常小，所以测物理海洋的参数，如温度传感器的精度要求达到小数点后三位或者四位。只有在此基础上，我们才能知道海水的温度变化，而这些变化直接造成了全球环流。全球大洋的水的流动，主要是侧向运动，水在北极从表层流形成深层流，深层流沿着大西洋一直来到了南大洋和南极边上，在这里形成深层水进行混合，然后沿着深海来到东北太平洋，再上来形成表层流。我们通过各种各样的方法，现在知道这样转一圈需要 1000 多年的时间。不知道大家有没有看过《后天》这部电影，讲的是因为人类的影响，有一天这个被称为大洋传送带的地方中断了，由此发生了天翻地覆的变化。原来干旱的地方发生了洪涝，原来有雨季的地方发生了干旱。当然如果有机会做物理海洋研究工作的话，你会知道水的运动比我们现在看到的要复杂得多，水是以涡流的形式在运动的。

三、新工科：海洋技术专业

再给大家介绍一下我们同济大学的十个新工科之一，就是海洋技术专业。以前，理科和工科的教育体系都是分开的，海洋方面的科学与工程技术也一样，都是分开设置专业的。所以现在我们有了新工科。新工科的特点就是要把科学和技术紧密结合起来。刚才讲了，海洋的资源也好，环境也好，科学也好，所有的认识都要依靠技术和手段。而这些技术和手段又必须根据科学的需求加以发展和更新。

我们新工科这个专业去年在全国排名第二，尽管起步比较晚，但是大家对这个专业非常认可。这个专业的师资不光是海洋学院的老师，还利用了同济大学这个非常强大的工科学校的有利条件，在学校领导的支持下，还有来自电信学院、土木学院、机械学院、化学学院、环境学院的老师。所以我们这个学科从最基础的数理化到工科的一些课程都有设置。当然最重要的还是海洋学院原来有关地质、地球物理、海洋化学、地球化学等方面的课程。目的是通过这些课程，让同学们掌握最基础的海洋科学内容。同时，让同学们有能力进行海洋探测方面的工程技术操作，甚至进行发明创造。

另外，这个学科有非常多的实习机会，或者说自己动手的机会。我们有专门的教学航次，去年我们到东海的教学航次中，大家亲自动手做了海洋地质方面的工作。在海洋化学方面，会用各种各样的传感器去采集数据，让学生认识到海水在化学方面的变化。而化学又可以反映地质和生物之间的相互作用。另外，还要做水质遥感，和天上卫星水质遥感进行比对。2014级的一个同学参加完实习以后，非常兴奋，还做了微信推送。我给大家读一下其中一段：

"或许我们曾以为实习只是一段实习经历，或许我们曾对实习满怀期待与好奇，或许我们曾将它想象得辛苦而艰涩，或许我们曾幻想划水打酱油。无论如何，最终的得到一定比期许更丰富，没看过的才是风景，没去过的才是远方。"

我从事深海研究已经快 30 年了，别人有的要去旅游，我说我不大去旅游的。但我看到了很多的风景，很多人没有机会，根本看不到。所以我们这个专业还有这样的好处。今后同学们可能也有机会到深海大洋里去，研究生现在都已经有机会了，本科生的话，今后可能也有这样的机会。

那我们到底去海洋里做什么呢？我们现在做海洋调查，或者深海研究，

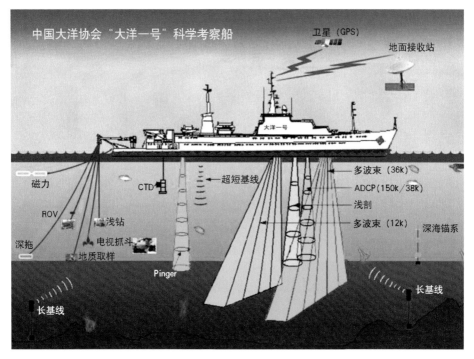

图 8　中国大洋协会"大洋一号"科学考察船

最主要的还是基于船。我们的船叫科考船，它和一般的船不一样（图 8）。这是这条船上的装备，看一下。多波束，ADCP，浅剖，超短基线，CTD，AUV，浅钻，电视抓头，地质采样，深拖，ROV，磁力等。这是国际上最先进的海洋科考船之一。为什么要装备这些东西？因为海底是非常复杂的，我们需要各种手段综合来研究深海和海底。

　　现在大家看到的就是洋中脊，就是板块分离边界所具有的地貌形状，我们曾经坐美国人的潜器在这里下潜过，在美国西雅图和加拿大维克多利亚的西边（图 9）。板块朝两边扩张，是一个中速扩张的洋中脊。这个沟槽的地方，就是新的火山岩形成的地方，是洋中脊的轴部，朝着两边走，离开轴部越远的地方，岩石的年龄就越老。热液活动，刚才讲了，就是在这个沟槽里面。这个沟槽的宽度差不多是几百米到一公里，是一系列正断层构成的地堑，周围的崖壁，就是断层面的高度，一般是几十米到几百米。我们现在一般看到

图9　洋中脊地貌

的地形图，都是通过卫星重力估算得到的。在深海科考船上，最重要的一个
设备是多波速水深测量仪，是发射声波和接收声波的仪器设备，因为在海洋
中，可见光以指数衰减，无线电也没有用了。最常用的技术就是基于声波传
递的方法。从海面船上打一个声波信号到海底去，等这个信号反射回来，这
个等的时间就是水深，把所有的水深点连起来就看到了地形。为什么叫多波
速？就是打一排声波下去，科考船一路打过去，这路上的地形大概就清楚了。
目前这项技术的探测精度在理论上是水深的 0.5%，但实际上只有 1%。也就
是说，如果是 3000 米的水深，通过这个声学测量，允许有 30 米高程的误差
范围。大家有没有印象，前几年我们去海里找马航的时候是多么困难，通过
这样的船测，即使你到了马航有可能失事的地点，也是看不见马航的，因为
马航飞机的高度是这个多波束探测误差范围之内。那怎么办？就是把同样的
像水声探测仪器放到水下飞机一样的 AUV 上去，在离海底近一些的地方进
行测量，就可以相应提高对海底地形的测量精度。

　　再给大家看一下，这是采集深海多金属结核样品的工具，叫自返式无缆

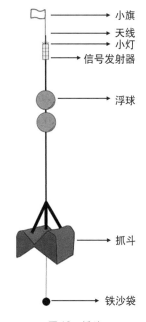

小旗
天线
小灯
信号发射器

浮球

抓斗

铁沙袋

图10 抓斗

图11 电视抓斗

抓斗,我们国家一直用到20世纪八九十年代(图10)。这个抓斗下边挂一个铁沙袋,上面是浮球,从船上面扔下去,一旦触底,这个沙袋就自动脱落。脱落的过程中,由于惯性,抓斗触底,触底过程中浮力大于重力,浮力朝上拉,使这个抓斗合拢,并继续在浮力作用下,整个抓斗又回到海面,我们的船就在海面上等。如果离我们很近,肉眼看得到,我们就可以马上把它捞到船上来。如果离得很远,那就需要捕捉抓斗顶端装的无线电信号仪发出的信号,找到它,再捞起来。在海面上无线电就有用了。所以在四五千米深的海底,采一个样品就耗费四五个小时是经常的事情。

我们现在还在用的一种采样工具叫电视抓斗,它可以采集几吨重的样品。抓斗里有灯和摄像头,通过船上下去的电缆供电,在船上的电子屏幕我们就可以看到海底的情况(图11)。但是这样采样还是很困难,因为我们的船在海面上止不住要动。如果船没有动力定位的话,在海面上会随着风浪流不断运动,哪怕是有了动力定位,船还是在一定范围内运动。通过计算机和卫星的联合控制，现在最好的动力定位能使船保持在几米的范围内。哪怕是几米的范围内，船还是在动。有时我们需要采集的样品很特殊、在海底分布范围很小，一旦错过，我们的船又不能像汽车这样再倒车回来，只能顺着风浪流开过去，兜一个很大的圈绕回来，再慢慢摸过去。这样用电视抓斗采样，特别是要采到我们需要的一些特殊样品，采一个样品有的时候需要十几个小时，甚至二十几个小时。

对深海一些比较精准的探测和研究，我们就要靠深潜器了。把传感器放在载人潜器上面，或者放在无人潜器上面，或者放在自治机器人 AVU 上面。经过我们国家最近十几年的努力，这几种深潜器我们现在基本上都有了。有了这些平台，就方便精准探测和采样了。

这是美国伍兹霍尔海洋研究所的"阿尔文号"载人潜器，我们在坐"蛟龙号"载人深潜器之前就和美国人合作，坐他们的"阿尔文号"下去过（图12）。"阿尔文号"载人潜器在20世纪60年代开始使用，到现在已经第三、第四代了。全球坐这个潜器下去过的至今有一万多人次。你看，除了它的机械手和灯光、摄像头这些常见的装备以外，它前面采样框里有多少装备啊，

图12 "阿尔文号"载人潜器

缆系海底观测网结构示意图

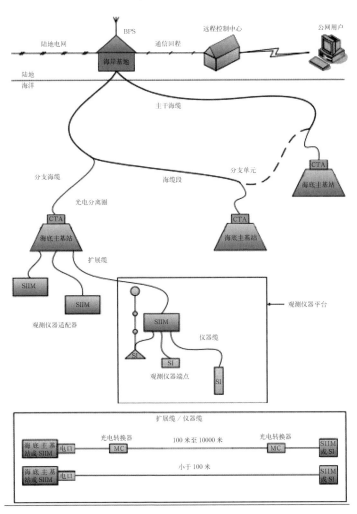

图 13　缆系海底观测网结构示意图

　　这些装备都是科学家和工程师紧密合作，为专门的科学目的一起研发出来的，市场上很少有的。

　　我们现在还在发展海底观测网（图13）。这个观测网的主要目的就是把在海里面长期放置的传感器通过光电缆连接起来，这样我们在陆地上就能看到海底的情况了。现在国家下决心来建设国家的海底长期科技观测网，希望用五年时间，由同济大学牵头在东海和南海把海底观测网建设起来。也就是说，五年之后，我们如果还要讲这样的课，我们大家都可以通过互联网看到东海和南海的实况直播了，我们可一起看到海洋中的生物活动、物理变化、化学变化，甚至地震或者地球深部的变化的实时信号。我相信这是改变人类和海洋关系的重要一步。

在海底观测技术的学习中，我们要知道强电和弱电的传输和控制，光纤的通信技术，地球物理、化学、生物或者物理海洋等多种多样的传感器的性能、衰变以及矫正和维护。在现有的技术基础上，我们还会发展下一代观测技术，观测平台可以是固定的，也可以是移动的。对此，不论是建设还是更新换代，都需要年轻人，需要一代又一代既懂海洋科学又有海洋技术能力的年轻人加入进来。

海洋科学和地球科学的其他分支一样，都是一门基于观测的学科，而海洋是地球表面最活跃，也是研究最薄弱的一个领域。只有通过长期观测，我们才能慢慢地感知到海洋的运动及其中各种过程的相互作用。我们的目标是不仅要发现各种运动的规律，而且要做到对一些变化可以预测。

最近十年，人工智能飞速发展，我们海洋观测今后一定会用到人工智能，我们现在和电信学院联合培养的博士生已经开始对大数据和人工智能进行研究了。所以这个新工科专业的学习过程中，一些课程会结合现代科学和技术的发展不断得到更新。

我们这一代人是幸运的，我相信你们要比我们更幸运。我 1991 年参加海洋工作，回想起来那个时候非常辛苦，现在完全不一样了，现在全民的海洋意识空前高涨，从中央政府到地方政府，对海洋的重视程度也前所未有。

我国有 1.8 万公里长的海岸线，是一个海洋大国，但还不是海洋强国。我们希望通过政府支持建设海洋强国的努力，通过一代代青年才俊的成长，使得我们国家有一天能真正成为海洋强国，使得我们国家从农耕文明逐渐迈向具有全球胸怀的蓝色文明。

欢迎在座的各位能够加入我们海洋科技队伍，谢谢大家！

学生提问 1：您对于无人深潜和载人深潜有什么看法？

回答：我们现在探测海洋或者观测海洋，要有多种多样的工具，没有一样工具能包打天下，每一样工具都是根据当时的需要开发出来的，都有它的优点和局限性。载人的好处是有人下去，首先对那个人是一个难得的机会，尽管"阿尔文号"到现在为止已载一万多人次下到了深海海底，有的人是真正地喜欢海洋，像卡梅隆导演，他已经下潜五六十次了。人下去通过玻璃窗看到的视野要比镜头宽，镜头需要一点点慢慢转过来。但是它有局限性，因为有人的潜器是靠电池的，一般是早晨下去，晚上上来；要有生命支持系统，载人舱内要有氧气以及其他一些设施，一般生命支持设计不超过 72 小时。万一出事情的话，72 小时没有人来救你，那基本上就跟这个世界说再见了。无人潜器技术，我认为确实代表了高科技的发展方向。无人的自动化的程度要比有人高很多，理论上无人潜器可以无限期地待在海底，它的采样和观测效率都比载人的要高很多。所以你要问我，我说无人的比载人的在技术层面上面更有发展前途，它一定是发展方向，但是载人的也有它的优点。

学生提问 2：那个观测网最深能放到多深的海底？是只能放在大陆架以上，还是能放到大陆坡以下更深的深海中？常年放在海底的那些传感器的寿命怎么样？

回答：这个问题非常好。我们这个观测网现在基本上还是在大陆架上面，或者是一部分陆坡上。主要原因是要岸基供电，岸基通信。当然也可以放到深海去，加长这个缆就行了，但这个缆的成本非常高，这也直接关系到电能的输入、通信的强弱。期待深海的能源，特别是深海的清洁能源，比如海洋能、波浪能或者其他各种各样的能源，有一天会突破。一旦解决了能源问题，这些观测就都没有问题了。有关传感器你说得非常好，现在五个专业方向上，寿命最长的是地球物理和物理海洋的传感器。物理海洋的传感器寿命一般是几年。生物、化学的传感器寿命就短了。所有这些传感器，一方面我们现在都需予以校正，另一方面我们希望今后能够不断提高传感器的性能、精度和反应时间稳定性。所以，如何有效提高传感器的寿命，确实也是一个技术上重要的发展方向。

学生提问 3：我前几天去临港校区参观，看了一个视频，那个视频是在海底的机器人用机械手臂抓取锰结核的，当时旁边那个学长跟我说，这个动作用的时间非常长。我在想，地面上那些机械手臂动作都非常迅速，为什么在海底下变得那么慢？

回答：在海底用机器人的机械手抓个锰结核，一分钟不到的时间就够了，关键是操作的熟练程度。一般情况，成为一个比较熟练的操作员，一个人实际操作起码要一两百个小时，就跟飞行员一样，所以就在于人，在于那个操作手。另一方面，用机械手去抓结核，是为了研究这个结核，所以要尽量保证这个结核完好无损。如果不小心，会破坏它表面的一些形态，哪怕眼睛都看不到的其表面一个小痘痘，我们就看不到了。可能花几千年的时间才长了这么一个痘痘，所以采样时要特别小心，有的时候要花一点时间。不过我认为还是看那个操作员的熟练程度。

耿建华
同济大学海洋与地球科学学院

透视地球

耿建华，现任同济大学海洋与地球科学学院党委书记，教授，同济大学地球物理专业委员会主任、上海市地球物理学会理事长、中国地球物理学会理事，中国地球物理学会岩石物理专业委员会副主任。主持承担包括国家重点研发计划、国家自然科学重点基金、国家863计划等在内的重要科研项目20多项，发表论文100余篇，在地震波成像与地震岩石物理等方面取得了创新研究成果。目前从事储层地球物理与岩石物理、地震勘探数据处理、海洋天然气水合物探测以及人工智能与数据科学在地球物理学中的应用等方面的教学与科学研究工作。2000年入选上海市"曙光计划"，2004年入选教育部"新世纪优秀人才计划"，2002年获上海市科技进步二等奖（"多波地震资料处理方法"），2008年获国土资源部科学技术二等奖（"海洋天然气水合物探测技术"），2009年获上海市育才奖。

同学们，下午好！现在站在这个讲台上，对于有 20 多年讲台经历的我来说，还是第一次体验，我既感到非常兴奋，也感到非常忐忑。兴奋的是第一次有五六百名同学来听我的讲课；忐忑的是把一个可能穷尽一生精力也不可能学完的知识，要在 90 分钟的时间里，给刚刚走进大学校门、缺少专业背景知识的你们讲清楚，这对我来说是一个非常大的挑战。所以，我希望今天能够用最简单、最通俗的语言，把最主要的内容给你们作概要介绍，讲课过程我也会提出一些问题，但我不作全部解答，希望好奇心能够驱使你们在未来的学习生涯中去寻求答案。我讲的题目是"透视地球"，实际的内容是想对地球物理学专业作一个概要的介绍。

我想先问同学们一个问题：我们生活在这个星球上最关心的问题是什么？你们可能会想到很多问题，由于时间有限，很遗憾我们不能现场互动。我认为是人类可持续发展的问题，那么，可持续发展都面临哪些具体问题呢？在我看来有两个重大问题，一个是环境问题，一个是资源的可持续利用问题。随着人类活动的加剧，我们所面临的生存环境正在悄然发生改变，人类赖以生存的不可再生资源也正在走向消耗殆尽，而这两个问题都和我们赖以生存的唯一地球密切相关。今天，我就是要来介绍一下研究地球的一个重要学科——地球物理学。我想从四个方面来作概要介绍：第一是地球物理学专业和学科之间的关系；第二是地球物理学研究的目标和主要内容；第三是地球物理学的基本理论、方法和技术；第四是地球物理学在人类社会可持续发展中的作用。

一、地球物理学专业和学科

我国高等教育现设有 16 个学科大类，其中有一类叫理学，我们常说的数、理、化、天、地、生都在理学里面。理学又分为 14 个一级学科，地球物理学就是其中的一个学科，这个一级学科又分 2 个二级学科，一个叫固体地球物理学，另外一个叫空间物理学，我今天主要介绍固体地球物理学，空间物理学只作简单介绍。当然，随着现代科技的发展与知识的积累，也会诞生新兴的一级交叉学科。二级学科还有进一步细分，比如说，固体地球物理学二级学科又分为若干个三级学科，如地球动力学、地球重力学、地球流体力学、地球内部物理学、地热学、地电学、地磁学、放射性地球物理学、地震学、地声学、勘探地球物理学、计算地球物理学、实验地球物理学以及新兴交叉学科等。

那么，大家要问什么叫专业？我们在填报高考志愿的时候，都要面临专业选择。专业可以是一级学科的名称，比如说"地球物理"专业；也可以是二级学科名称，比说"固体地球物理"专业；也可以是三级学科的，比如说"勘探地球物理"专业；也可以是新兴的交叉学科，用一个新的名称，这就是我们通常说的新专业。

二、地球物理学研究的目标和主要内容

借助天文望远镜，我们现在可以直接观测到百亿光年外的遥远宇宙，这个距离大家可以去想象一下，以光的速度行进一百亿年。但是，我要问，对我们赖以生存的地球，我们又能直接观测到多深呢？认识地球包括两大部分，一个是地球内部，另一个是和地球密切相关的外部空间。地球内部主要是指固体地球，当然也包括流体圈层。那么，现在我们对地球内部了解多少呢？讲一个故事，大家可能知道，20 世纪六七十年代，世界上两个超级大国——美国和苏联，他们在各个领域都在搞竞赛，看谁是头号强国，在地球科技领域他们也在竞争。苏联在其领土北部克拉半岛打了一口钻井，这口井最终钻到地下 12262 米的深度，是当时世界上最深的钻孔，也是人类有史以来直接看到地球内部最大的深度。大家猜猜完成这口钻井花了多少时间？从 1970 年到 1983 年，花了 13 年时间钻到了 12000 多米的深度，从 1983 年到 1994 年，花了 11 年时间，只打穿了 262 米厚度的地层。这告诉我们什么？越往地球深部，钻井越困难，主要原因是随着深度增加，地层温度和压力都在升高，到了 12000 米深度，温度差不多在 280℃ 左右，钻头以及钻杆在这样的高温环境下就很难正常工作了。这口超深钻井有很多惊人的发现，比如说，

在钻到 9500 米深度时，发现了一个含有黄金和钻石的地层，那么再向下是不是还有更多的宝贝呢？地球深部物质组成是什么？这给我们留下了巨大的遐想空间。这一口超深钻井曾经是苏联科学界的一个骄傲，堪比当时的载人航天成就。到目前为止，2011 年在俄罗斯的库页岛，有一口石油钻井达到了 12345 米深度，这就是人类到目前为止直接看到地球内部最大的深度。大家都知道地球的半径吧？ 6370 千米左右，如果把地球比喻成一个鸡蛋的话，实际上我们连鸡蛋外壳都没有钻穿。

现在我们再来看与地球密切关联的外部空间。图 1 展示了太阳粒子与地球磁场的相互作用，地球磁场为地球避免太阳粒子的强烈辐射提供了屏蔽，没有地球磁场的屏蔽作用，太阳粒子就直接辐射到地球，人类如何生存？同时，我们也自然会问，太阳粒子和地球磁场到底发生了什么样的相互作用？这种相互作用对人类的活动又产生了什么影响？

上面简要引述了固体地球和地球空间有趣的地质与物理现象，由此看出，研究与认识地球包括两个部分，一个是固体地球部分，另一个是日地空间部

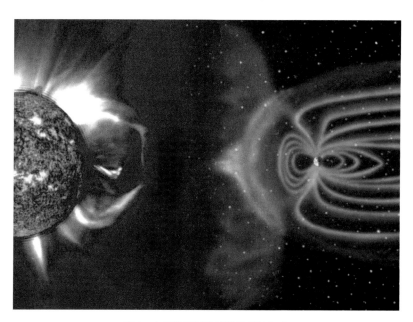

图 1　太阳粒子和地球磁场相互作用

分。但遗憾的是，到目前为止，我们对地球还知之甚少！

"透视地球"的目的就是要认识地球内部结构与物质组成以及日地空间物理现象及其演化，从而推测地球演化过程，勘探开发地球资源，保护地球环境，预防地球灾害，为人类可持续发展提供科学的解决方案。

以固体地球研究为例，既然我们很难用钻井的办法直接研究地球内部结构与物质组成，那么有什么其他办法可以来"透视地球"呢？我们知道，岩石是组成固体地球的基本材料，这种材料有很多物理性质，例如密度、磁性、导电性、弹性、放射性等，我们就可以利用岩石物理性质的差异来推测地球内部的结构与物质组成。具体一点讲，就是在地表测量与岩石某种物理性质相关的物理量，根据测量结果来推测地球内部这种物理参数的分布，从而"透视地球"。例如，我们可以在地表测量重力，根据万有引力定律，可推测物质质量差异从而推测密度差异，而密度差异反映了地球内部结构差异与物质组成差异；再例如，我们还可以在地表记录天然地震产生的地表振动信号，利用这些地震记录信号，根据地震波传播理论可以推测地球内部的弹性性质的差异，从而形成对固体地球内部圈层结构的认识；再例如，我刚才提到了，到 12000 米深度温度已经达到 280℃ 左右了，那么再向深部去温度如何变化呢？尽管无法直接测量，但我们可以利用地震波在岩石中传播能量的衰减特性来估算温度，这样就可以获得对地球内部热结构的认识。由此可见，地球物理学是物理学和地球科学的交叉学科，根据岩石不同的物理性质，也形成了地球物理学不同的三级学科方向，例如，岩石密度对应重力学，岩石弹性对应地震学，岩石导电与介电性对应地电学，岩石热传导性对应地热学。大家稍微回忆一下，我刚才提到了三级学科方向，实际上都是和岩石的一种或两种以上物理性质交叉对应。

概括起来，地球物理学就是用物理方法"透视地球"，从而认识地球。

下面我对地球物理学中几个重要的学科方向稍作展开介绍，包括重力学、地震学、地磁学、地电学、地热学和空间物理学。

1. 重力学

如果假设地球内部密度是均匀分布的，我们在地球表面测量重力（图2），然后把实际测量的重力值减去理想均匀地球模型产生的重力值，地球表面的任意一点差值是相同的，对不对？但实际上不相同，这就是重力异常（图3），这个重力异常背后反映的现象是什么？地球内部的密度存在着差异！实际就是地球内部结构与物质组成的差异。地球是太阳系中一颗行星，月球是地球的卫星，由于各自的运动轨道存在变化，对地球的引力也会产生变化，这样就会引起固体地球产生微小的形变，这种形变称为固体潮。固体潮会对我们人类活动产生什么样的影响呢？

　　2．地震学

　　图4展示了我们现在已经认识到的地球内部圈层结构，这个结构是依靠岩石的弹性性质推测出来的。如图5所示，一次大地震产生的地震波能量可以穿透整个地球，甚至可以在地球内部形成多次反射。布置在地表的地震仪记录地震波穿过地球内部到达地表的地震信号，这个地震记录携带了地球内

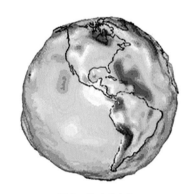

图2　地球重力场

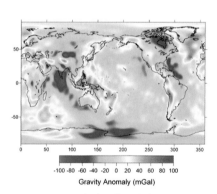

图3　全球重力异常分布

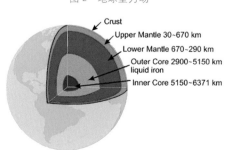

图4　地球内部圈层结构图

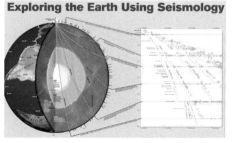

图5　利用地震波探测地球内部弹性圈层结构

部的弹性信息，由此可推测地球内部的弹性结构。这种方法的基础是地震波传播理论，即在固体地球里传播的地震波有两种体波，一种叫纵波或压缩波，另外一种叫横波或剪切波，地球内部存在多个纵波传播速度变化的分界面；由于流体不具有对抗剪切能力，所以横波不能在流体中传播，研究发现，剪切波不能穿过地球内部 2900 千米～5150 千米深度范围，因而推测其物质组成为流体。由此，我们就构建出了地球地震波速度圈层结构，根据速度差异还可以推测其物质组成差异。

除了天然地震可产生地震波外，也可以用人工地震的办法产生地震波。比如说，用一个重锤或一台振动装置敲击地面，或在地面浅表引爆一定当量的炸药，或在水体中突然释放高压空气等，也能产生地震波，只不过这样产生的地震波能量很弱，传播得不深不远，探测深度比较浅，只能探测地球浅表层数十公里内的结构。但是，相比天然地震来讲，由于其频率较高，对地下结构具有较高的高分辨率。

3. 地磁学

我刚才给大家展示了地球本身就是个巨大的磁场，显示的是一个偶极子磁场模型，如图 6 所示，就像是一块磁铁，有一个南极，一个北极，这样，地球表面磁场强度随地球纬度变化而变化，相同的纬度具有相同的磁场强度，那么，我要问大家问题：这个磁场是怎么产生的？实际情况真的是一个偶极

图 6 地球偶极子场模型

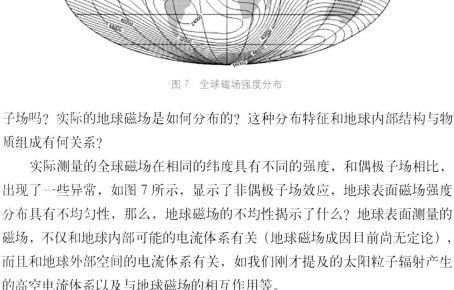

图 7　全球磁场强度分布

子场吗？实际的地球磁场是如何分布的？这种分布特征和地球内部结构与物质组成有何关系？

　　实际测量的全球磁场在相同的纬度具有不同的强度，和偶极子场相比，出现了一些异常，如图 7 所示，显示了非偶极子场效应，地球表面磁场强度分布具有不均匀性，那么，地球磁场的不均性揭示了什么？地球表面测量的磁场，不仅和地球内部可能的电流体系有关（地球磁场成因目前尚无定论），而且和地球外部空间的电流体系有关，如我们刚才提及的太阳粒子辐射产生的高空电流体系以及与地球磁场的相互作用等。

　　地磁学有一个很重要的分支学科——古地磁学。火山喷发产生的热岩浆在冷却过程中会被地球磁场磁化，这种磁化形成的磁场具有高度稳定性，能够在漫长的地质年代长期保存，记录了岩浆喷发地质历史时期地球磁场的信息，我们也把这种磁场称为热剩磁。我们测量了这种热剩磁，得到了惊人的发现：①在地质历史时期，地球磁南极和磁北极曾经发生过频繁的转换；②热剩磁矢量指示的纬度信息与岩石实际所在的纬度不同。这两个惊人发现给我们留下巨大问题：①地球磁场是如何产生的？为什么会发生磁极倒转，到目前为止这个问题还处在探索中；②火山喷发冷却后形成的岩石产生了移位，为什么岩石自己会"走路"？是什么推动了岩石移位？

　　4. 地电学

　　不同的岩石具有不同的导电和介电特性，地电学就是研究地球岩石的导电与介电特性，从而推测地球内部结构的学科。我们可以测量地球岩石产生的自然电场，也可人工激发交流或直流电场，测量地球岩石的电场响应，计算岩石的导电与介电参数，从而推测地球内部结构与物质组成。岩石和其他一般材料相比，其导电和介电性质要复杂得多。例如，金属导体其导电机理很简单，靠电子导电，但岩石不一样，从微观结构上看，如图 8 所示，组成岩石的矿物成分复杂，矿物颗粒相互接触关系也非常复杂，里面有不连续面与孔隙，孔隙中还可能充满多种类型的流体，如具有一定离子浓度的矿化水、石油或者天然气等烃类物质，所以，岩石导电、介电机理非常复杂。

5. 地热学

为什么有的地方有温泉，有的地方找不到温泉？地球内部的热结构是

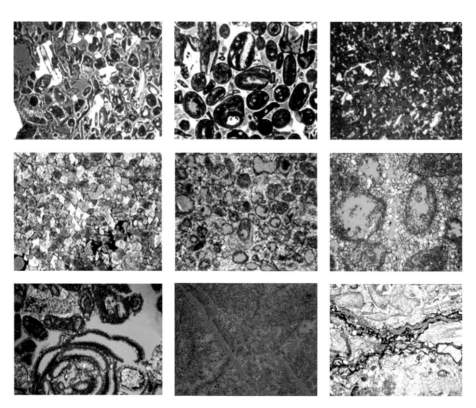

图 8 岩石内部微观结构

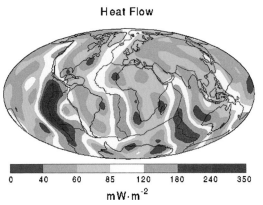

Heat Flow

0 40 60 85 120 180 240 350
mW·m⁻²

图 9 地球表面热流分布

图 10 地球内部温度结构示意图

什么？地球内部的热源从哪里来的？又如何演化？图9显示了地球表面热流（单位时间单位面积流出的热量）分布，由此可以看出，全球热流分布很不均匀。热流不仅与岩石的热传导性质有关，而且与热源有关。前面讲过，地球内部温度分布可以用地震波传播衰减特性来估算，图10是地球内部温度示意图，可以看出地球内部温度分布很不均匀，那么，温度分布不均匀会产生什么结果呢？对流就会产生，有了对流，地球内部的动力源就有了，就会有火山喷发、有地震发生，所以，了解地球内部热结构及其演化对认识地球动力学演化具有十分重要的意义。

6. 空间物理学

太阳活动，如太阳黑子、耀斑等，会产生太阳粒子，太阳粒子会向地球辐射，与地球磁场会发生相互作用（图1），在地球高空产生电流体系，并发生一系列的物理过程，这些物理过程也影响着人类的活动，如航空航天器的安全、通信导航、电能输送、人类健康等，所以，研究日地空间物理过程与环境变化是空间物理学的主要任务。

以上我介绍了地球物理学里几个不同的方向，实际上，地球物理学里还有很多相互交叉的学科方向。

三、地球物理学理论、方法与技术

下面我来讲地球物理理论、方法与技术，这部分内容涉及很多具体问题，这里只作概要性介绍。地球物理学是一门观测科学，也就是说是基于观测数据基础上的学科，通过对观测数据的处理，在地球科学理论指导下，对处理后的数据进行科学解释。这里涉及的方法与技术是指数据采集、处理与解释技术，这里的理论是指观测物理量（如重力、磁场强度、温度）与地球内部物理参数（如密度、磁化率、地震波传播速度、热导率）之间的物理理论关系。不同的观测物理量有不同的地球物理理论，可分随时间变化和不随时间变化，例如静电场、重力场和地磁场（非地质时间尺度）不随时间变化，而地震波场、电磁场、温度场等随时间变化。表1展示了几个地球物理学科方向及其物理理论，看似简单，但背后都有一套相关的工作方法与技术，深入学习，每个学科方向都是一门课程甚至是一组课程。

地球物理学方法与技术涉及众多学科知识，如数据采集涉及高灵敏度数字传感器，而这些传感器又涉及材料、集成电路等技术；在野外采集数据会受到环境噪音、观测系统差异等影响，例如地震记录中不仅记录了地震波信息，还有其他自然现象（风吹、洋流）以及人类活动（交通工具、工厂生产）产生的各类振动信号，因此，需要对数据进行处理，以提高数据的信噪比和分辨率；地球物理数据是海量数据，以勘探地震为例，一次三维地震数据采

表 1　地球物理学科方向及其物理理论

地球物理学学科方向	物理理论
重力学	位场理论
地震学	波场理论
电磁学	电场理论、电磁场理论
地热学	热传导理论
放射性	原子核理论

集量可达 10 ～ 1000TB，如此海量数据处理没有高性能计算机是无法完成的；为了更好地解释数据，往往需要利用一些更先进的方法与技术（如人工智能方法）对数据进行挖掘与表达。

四、地球物理学在人类社会可持续发展中的应用

讲到现在，同学们肯定要问，你讲了这么多内容有什么用呢？刚才说了，地球科学是一个多学科的交叉，包括地球科学、物理学、数学、计算机、仪器、大数据和人工智能科学等，具有非常广泛的应用。由于时间关系，今天我只简要介绍其在四个方面的应用，第一是在地球科学研究中的应用，第二是在地球资源勘探开发中的应用，第三是在防灾减灾中的应用，第四是在环境评价与工程建设中的应用。

1. 在地球科学研究方面的应用

大家知道，19 世纪地球科学最伟大的发现是达尔文的进化论，那么 20 世纪呢？是板块构造学说。什么是板块构造学说？大家也许都听说过这个故事，19 世纪初，德国探险家魏格纳从世界地图上发现，现在的大陆边界（和海洋分界线）可以拼接在一起，形成一个联合大陆。在多次野外科考研究基础上，1912 年他发表论文《大陆的生成》，提出了大陆漂移假说。这个听上去有点像天方夜谭，大陆怎么还会漂移呢？怎么漂移啊？是什么在推动大陆漂移啊？有什么证据来证明大陆在漂移？此后，众多地球科学家为此付出了巨大努力，从多个学科角度证实了大陆确实在漂移，其中之一就是刚才提到的古地磁学证据。热岩浆在喷发冷却过程中被地球磁场磁化，磁化矢量记录了岩石诞生时期的地理位置，通过测量热剩磁就可以恢复岩石诞生时期的地理位置，从而指示岩石诞生后发生的"漂移"。例如，如果你在赤道找到一块岩石，测量其热剩磁，发现磁倾角很大，就可以推断这块岩石诞生在高纬度地区，指示这块岩石诞生后发生了位移。在大陆漂移假说的基础上，我们已认识到，现在的地球表层岩石圈是由若干个板块构成的（图 11），而且恢复出了 2 亿多年前的联合古陆（图 12），建立起板块构造学说，指导地球科

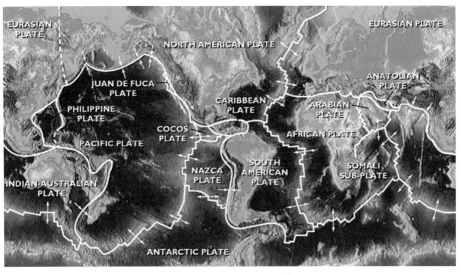

图 11　地球岩石圈板块分布

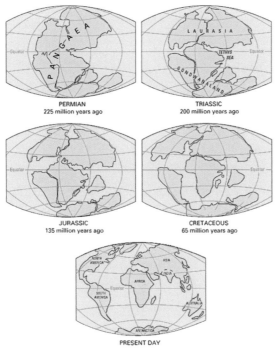

图 12　2.25 亿年来的大陆演化

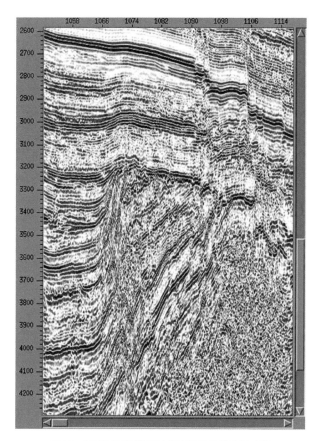

图 13　利用反射地震波对地下地质结构进行成像

学的研究。

2. 在地球资源勘探开发中的应用

　　同学们想一想，你现在吃的、穿的、用的、住的有哪一样东西不是来自地球资源？由于绝大部分地球资源不可再生，如何经济勘探、可持续开发地球资源是需要着重考虑的问题。但是，地球资源分布是一个小概率事件，什么是小概率事件呢？例如黄金钻石、石油天然气、稀有金属等不是在地球上遍地分布的，不是随便打一口井就能找到，钻井的成本也非常昂贵，那么如何寻找这些资源的分布呢？这其中之一就要靠地球物理的方法去透视地球内部结构（图 13），确定最有可能的分布位置。

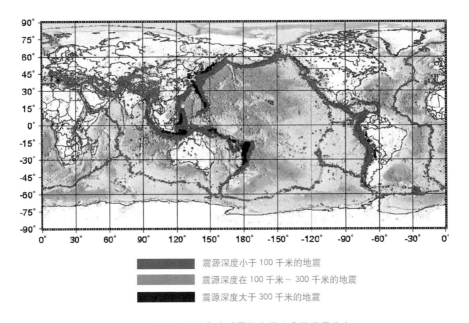

震源深度小于 100 千米的地震

震源深度在 100 千米～300 千米的地震

震源深度大于 300 千米的地震

图 14　1910—1999 年全球震级大于 4.5 级地震分布

3. 在防灾减灾中的应用

大家都知道，地震、海啸等自然灾害都是人类生存巨大的威胁。图 14 展示了利用地震学方法获得的 1910—1999 年期间全球震级大于 4.5 级地震分布，可以发现，地震是有规律分布的，大部分地震分布在板块的边界上，说明地震是有可能预测的，但是，地震准确预测目前还存在很多困难。海底地震会诱发海啸，现在对海啸基本可做到预警，由于地震波传播速度比海啸波传播速度要快得多，即我们先探测到海底地震的发生，这样就有足够的时间预测海啸的发生，从而发布海啸预警。

4. 在环境评价与工程建设中的应用

这里我只举一个例子，最近谈论比较多的巴黎气候协议，大家知道吗？各国应一致行动应对全球气候变化，控制温室气体排放，在 21 世纪下半叶实现温室气体净零排放。但是，我们知道，经济的发展不可能不消耗能源，全球有相当数量的人口还没有脱贫，能源消耗在相当长的一段时间内还摆脱不了对化石能源的依赖，如何综合考虑各种方法控制碳排放？固碳是一个比

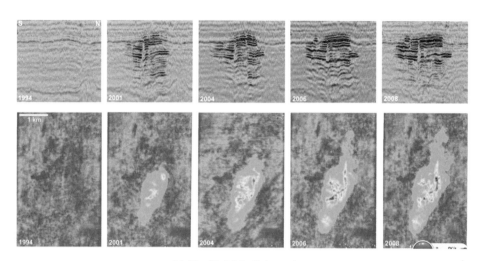

图 15　挪威北海 Sleipner 油田

较现实的办法。什么是固碳？就是把人类排放的 CO_2 捕获起来，把它埋藏在地下深处，称之为工程地质固碳；或将 CO_2 通过化学反应变成另外一种形式的碳，如通过光合作用转化为有机碳，称之为生物固碳；或通过催化反应转化为无机碳，称之为化学固碳。捕获 CO_2 进行工程地质固碳带来了问题：在地下哪里埋藏不会泄露到地表？如何核查固碳量？这里地震学就发挥了很大的作用，可利用地震学方法寻找地质工程固碳的理想场所。图 15 展示了挪威北海工程地质固碳过程中的地震监测实例，可以清楚地看到工程地质固碳过程中 CO_2 在地下的分布，并且可估算 CO_2 的捕获量。CO_2 地质封存始于1994 年，在 CO_2 注入过程中先后分别于 1994、1999、2001、2002、2004、2006 和 2008 年开展了 7 次主动源地震观测，很好地监测了 CO_2 工程地质固碳过程。

今天只用四个例子简单介绍了地球物理学在地球科学研究、地球资源勘探、防灾和环境保护等方面的应用，其实，地球物理学在人类可持续发展中的应用非常广泛，由于时间关系，不能一一介绍了，同学们可以在今后的学习过程慢慢了解。

地球是我们人类赖以生存的唯一星球，从事地球科学的研究是一项非常崇高的事业。遗憾的是，公众很少了解地球科学的内涵，科学普及做得远远不够，这是我们的责任。地球科学不仅非常奇趣，而且存在着大量的未知领域有待我们去探索，在服务社会与经济发展中也具有非常重要的地位，我认为地球物理大有可为！

我今天的报告就做到这里，谢谢聆听！

学生提问：海洋与地球科学学院地球物理学专业的同济特色是什么？

回答：这个问题非常好。同济地球物理目前有这四个特色方向。第一是勘探地震学，即利用人工激发震源的方法来探测地球内部结构，服务于油气矿产资源勘探、开发与地球科学研究；第二是综合地球物理学，即联合利用重力学、磁学、地电学和地震学方法，揭示地球内部宏观结构，服务于油气矿产资源勘探与地球科学研究；第三是海洋地球物理学与地球动力学，即利用地震学方法研究地球岩石圈以及地幔结构，揭示地球动力演化过程；第四是空间物理学，聚焦在极地空间物理方向，这个方向是前不久刚刚建立起来的，具有很大的发展潜力。

周念清
同济大学土木工程学院

国家水生态文明城市
建设的理论与实践

周念清，同济大学土木工程学院教授，博士生导师。现为中国水利学会地下水科学与工程专业委员会委员，中国自然资源学会水资源专业委员会委员。国家科技部、国家新闻出版局、教育部及上海市等科技奖励评审专家。担任国外20多家重要期刊特约审稿人。主要研究方向为生态水利规划、湿地保护、水土污染评价与修复、地下水数值模拟与计算等。先后主持和参与科研项目近60项，主持上海市博士后基金项目和国家博士后基金项目各1项、主持国家自然基金课题2项，教育部博士点专项研究基金项目1项，参与国家自然基金课题3项、国家"973计划"子课题1项、上海市科委重大项目1项。在国内外学术期刊上发表论文130余篇。主持翻译专著《污染水文地质学》1部，参与编写著作8部，代表性专著为《国家水生态文明建设的理论与实践》。曾获教育部自然科学二等奖2项、教育部科技进步二等奖2项、上海市科技进步二等奖1项，上海市自然科学三等奖1项、许昌市科技进步特等奖1项。

同学们下午好，现在开始上专业导论课。今天我讲的题目是"国家水生态文明城市建设的理论与实践"，这是我们团队负责并完成的一个国家水生态文明城市建设试点项目，主要以许昌市作为背景给大家进行介绍。内容共分为七个部分。

一、水生态文明城市建设的理论基础

讲到水生态文明城市建设，它的产生有一定的历史背景。

第一，国家将生态文明建设理念上升到了战略层面。大家知道，我们国家的发展已经由片面强调产业发展的灰色城市向绿色城市，甚至向蓝色城市转变。2012 年 11 月，中央召开了十八大会议，明确提出了生态文明建设的发展理念，把生态文明建设上升到国家战略层面的高度，其意义非常重大。我们讲到国家水生态文明建设，实际上是建立在国家"五位一体"中生态文明建设发展基础之上的。大家要知道，国家"五位一体"战略是指经济建设、政治建设、文化建设、社会建设、生态文明建设。那么，水作为生态文明建设的核心和物质载体，研究水资源和水环境对于生态文明建设的影响至关重要。我们将水资源的配置和供给作为城市发展的顶层设计，推动城市永续发展、改善人居环境、促进生态健康、提升城市品位、保障城市安全、推行水生态文明建设。实际上我们国家启动了两批水生态文明城市建设试点，一共有 102 个国家水生态文明城市建设试点项目，其中河南省许昌市就是第一批被国家列入水生态文明试点建设的城市。

第二，国家实行最严格的水资源管理制度。根据 2012 年 1 月 12 号中央一号文件精神，在全国范围之内实行最严格的水资源管理制度，主要就是为了解决当前的水资源紧缺与经济社会快速发展之间日益突出的矛盾。作为中央一号文件，把国家最严格的水资源管理制度纳入水生态文明建设的核心内容，具体有四项制度和三条红线。这四项制度是指什么呢？一是用水总量控制制度，第二是用水效率控制制度，第三是水功能区纳污限制制度，第四是管理责任与考核制度。其中，前面三项制度是技术要求，第四项是与人相关的管理制度。三条红线就是水资源开发控制红线、用水效率控制红线，入河湖排污总量控制红线。这三条红线和前面的三项制度相对应，再加上人参与到每一条红线的管理当中。在具体实施过程中，我们要注意到水资源的开发实际上面临着三大问题，这三大问题是：水资源过度开发、缺水与浪费并存、水体和环境污染。水资源开发利用实际上牵涉到三个开发利用环节，即取水、用水和排水。正因为如此，我们发现水资源管理涉及三个需要解决的问题：第一是如何配置水资源，第二是如何节约水资源，第三是如何保护水资源。这几个问题的核心就是通过四项制度和三条红线管控来实现。

第三，新型城镇化背景下未来城市的竞争。水的问题在城市发展过程中至关重要，水作为环境承载力的重要因素，水资源也决定了一个地区在未来城镇化进程当中的竞争力。世界资源研究所曾经发布一份报告，里面提到："未来城市的战争将是以争夺水资源为主的战争"，把水资源提高到了一个非常高的高度。

第四，城水共存的发展趋势。其实在人们利用水的过程中经历了四个阶段。第一个是敬畏阶段，人们害怕与水相关的各类自然灾害；第二个是利用水的阶段，主要是古代的农业文明时代；第三个是人和水的竞争阶段，主要是工业革命时代，水资源面临着很大的挑战。现在进入第四个阶段，即回归自然阶段，在认识到存在的问题之后，要建立城水和谐统一发展的格局。所以人类从农业时代到工业时代，再到后工业时代，与水的关系从深层依托到无节制地利用，在未来最终要上升到更高层次的人与水和谐共生的境界。

我刚才讲了水生态文明城市建设的由来及相关的理论基础，那么如何开展水生态文明城市建设，还需要有一些相关的指导思想和规划的原则。指导思想就是以水生态文明建设作为行动指南，主要包括以水定产业、以水定规模、以水定布局、以水谋发展，要形成以水为核心的城市总体发展布局，这就需要建立资源高效、环境友好、产业带动、生态自然、景观优美的可持续发展的新城市。首先，我们要坚持生态文明原则，充分考虑水资源和水环境的承载能力，达到水资源优化配置、合理开发、高效利用和有效保护的目标，积极进行退化水环境生态修复与重建，实现以生态文明为基础性支撑的城市转型。第二个原则是要以人为本，因为干这些事情的主体是人，所以要把城市居民的需要放在首位，着力解决与人民切身利益相关的水问题。这些水问题究竟有哪些呢？具体包括：保障居民的防洪安全、供水安全、粮食安全、休闲需求、经济发展、生态环境等，所以要全面提升城市的水环境质量，建设宜居型城市，营造水空间，这就是我们要遵循的以人为本的原则。还有一个原则就是水城互促原则。大家经常出去旅游，我们就会发现有些地方的水清澈见底，周边的环境也比较好，其实这就涉及滨水空间，我们要强调滨水空间的公共性、功能内容的多样性、水体的可接近性、滨水景观的生态性，所以要形成融入城市文脉的城市滨水空间服务体系和空间布局，增强城市的活力，实现滨水城市空间的相互协调和可持续发展。

二、水资源现状调查与需水量预测

　　接下来我介绍第二部分。既然水是核心，那我们就需要对水资源有所了解，从哪些方面了解呢？我们讲水资源，必须先进行水资源现状调查和需水量分析，这就是我要讲的第二个部分内容。

　　讲到水资源调查，不能不对区域的自然环境有所了解。我这里以河南省许昌市这个地级市作为研究背景进行介绍。许昌市在行政区划上包括三个县、两个县级市和一个区，总面积是 4996 平方公里。2013 年我们开展这项工作的时候，人口是 456 万。我们研究水资源分布特征和水资源量的多少，对于产业结构非常关注，因为不同的产业对水量的需求是不一样的。就许昌市产业结构而言，第一产业是以种植业和畜牧业为主，耗水量比较大。第二产业是工业，许昌市处在工业时代向后工业时代过渡的时期。再就是第三产业，即服务业。许昌市第一、第二、第三产业结构比例是 1∶7∶2，存在明显的比例失调问题，第三产业严重不足，发展的空间非常大。

　　我们要对这一地区有所了解，就要看它的自然地理与水资源分布情况。许昌市西北部是山区，中部地区是丘陵区，东面是平原区，西北部山区最高的海拔达到了 1150 米，平原区的海拔在 50 米左右，形成一个由西北向东南方向倾斜的地形情况。我们讲水资源，最关心的是气候和降雨，对不对？许昌市多年平均降雨量是 727 毫米，降雨量最多的年份可以达到 1100 多毫米，最少的只有 400 多毫米，而年均蒸发量达到 1600 毫米。我们知道降水是不均匀的，我们对 1953 年到 2011 年一共 59 年的降雨情况进行了收集统计和分析，发现每年 6 月份到 9 月份的降雨量占年均降雨量的 60% 多，这期间主要是雨季。许昌位于淮河的中游，属于淮河水系，境内主要有 3 条河流，47 座水库，其中有 1 座大型水库，2 座中型水库，44 座小型水库。整体而言，许昌市的水资源总量是 9.1 亿立方米，人均水资源量只有 208 立方米。而我国的人均水资源量是 2300 立方米，你想想，许昌市人均水资源量只占全国人均水准的 1/10 都不到。河南省是比较干旱的省份，许昌市又是河南省更为缺水的地级市。对于一个地区来说，它的水资源分布是不均匀的，有的地方属于强富水区，河流边上、沿河地带一般都是强富水区，其他还有富水区、中等富水、弱水区、贫水区，以及山区的缺水区。

在进行水资源调查的时候，我们需要对它进行量化，水资源量的计算包括地表水资源、地下水资源、外来调水水资源等。地表水资源量计算，首先要根据气象特征来进行分析。我们讲黄河之水天上来，对不对啊，没有降雨哪来水资源，所以要根据这些有代表性的水文资料进行分析统计。得到的结果是，许昌市的丰水季节一般是在 6 月份到 9 月份，枯水季节是 11 月份到次年 2 月份，贫水季节一般在 3 月、4 月、5 月、10 月这几个月份。地下水资源量的计算我们采用两种方法，一种是补给量法，一种是数值模拟法。补给量法考虑的是两项因素，一个是天上降雨下来的垂直入渗补给进入地下水体当中，另外一个是地下水本身也在不断流动，它和上下游之间也有侧向补给的作用。通过补给量法得到的许昌市地下水资源量的结果是，地下水资源量是 6.96 亿立方米。另外一种是数值模拟的办法。数值模拟办法需要通过数学模型计算来解决，如采用有限元、有限差等方法，你们因为刚入学还没有接触到这方面的知识，以后就知道了。当然，这里面说数值模拟计算，首先要明白这个地方的边界划在哪里。这里的边界跟我们所讲的行政边界是有区别的，因为这里的边界是指有水量的边界、有水头的边界等。其次，需要了解它的初始条件。要从什么时候开始计算，什么时间进行预测，我们要有初始条件。在数值模拟的过程当中，一般要建立数学模型，输入它的初始条件和边界条件，然后对前期的数据进行模拟。模拟效果要通过后面截取一段数据来进行验证，如果说检验的误差比较小，就确实证明模拟效果较好，那么就可以用于我们将来的预测模型。当然这里还涉及水文地质参数、降雨入渗的分区等，这些具体的内容只跟大家提及一下，让大家心中有数就可以了。通过数值模拟计算得到的地下水资源量是 92 亿立方米。地下水总共只有这么些，而水资源量是指能够得到补给、循环利用的水资源量。所以一个是储量，一个是水资源量，这是两个不同的概念。同样，我们需要对干旱年、丰水年、半枯干旱年等进行分析。那么，两种方法计算究竟哪一种更可靠？其实我们既可以相信传统的补给法，也可以相信现在的数值方法。为了更加准确地表述，将两者结合起来，采取一个平均值，就更加准确了。

我们刚才讲了地表水、地下水量有多少，那我们本地的水资源量究竟有多少？就是地表水资源量加地下水资源量。但是计算地表水时，有一部分包含了土壤水，而计算地下水时，也有一部分是土壤水，实际上这里面土壤水计算了两次，但我们在统计的过程当中只能算一次，所以就需要减去一个重复计算量，就是土壤当中的重复计算量。那么这样得到的就是我们真实的本地水资源量。

因为许昌市处于中原地带，南水北调中线工程正好从许昌市经过。既然如此，总要享受一部分福利，所以除了本地的水资源量以外，南水北调工程对于许昌市也给予了一定的补给。那补给多少呢？规划量 2.26 亿立方米。另外，许昌市北面是黄河，黄河也可以调用一部分水到许昌来。也就是说，除了本地的水资源以外，其他过境的水资源量，也会加入进来。

我们盘清水账，知道了家底，那么接下来就要考虑干哪些事情。也就是水资源开发利用现在是什么情况。2011 年全市的供水量是 7.82 亿立方米，主要有地表水，也有地下水，而且地下水占的份额达到 60%。供水的目的就是为了用水，全市用水比例实际上是三分天下，工业、农业、城镇生活。经过近十年的用水统计分析，发现工业的用水量略有增加的趋势，而农业的用水量略有减少的趋势,这主要是农业的用水效率提高了,才出现了这样一个结果。而生活用水在不断地增加,是因为人口在不断地增加。

另外,第三个就是耗水问题。全市的用水消耗量是 3.92 亿立方米,占到了用水总量的 50.1%,其中包括农林渔业的消耗量、生态水的消耗量、田间的消耗量、工业用水消耗量等。

我们讲供水、用水、耗水,接下来,还要排出去。排水主要是工业和生活排水,那农业的水呢,灌溉进去就已经消耗掉了。许昌市 2011 年集中式治理设施的化学需氧量(COD)排放总量为 60343.8 吨,氨氮排放总量为 6229.6 吨。随着人口的增加,城市化率不断提高,城市生活污水排放量也在不断地增加。

好,家底摸清楚了,用水情况也清楚了,那我们回过头来再看基准年的水资源开发利用程度和河流的水资源开发利用程度。许昌市的水资源量是 9.1 亿立方米,这就是本地的水资源量了。河流的水资源开发利用程度,由三部分组成,第一部分是满足河流基本需求的生态用水量,河道内和河道外围其实都有一定的生态用水量,这幅图最下面的绿色部分,就是保证河流的基本运行所需要的水量(图 1)。粉红色部分是开发利用的水资源量,还

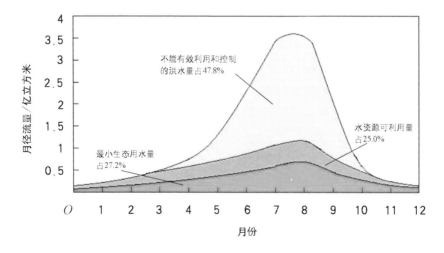

图 1　许昌市水资源的开发利用

有很大一部分是黄色，是无效的水资源量，雨季来了，以洪水的形式白白流失了。

接下来关心一下未来发展究竟需要多少水。因为不管是工业、农业还是生活的发展都离不开水，所以我们需要进行需水量预测。工业需水量要参照当地的发展规划纲要。根据许昌市国民经济和社会第十二个五年发展规划纲要，工业增长速度预测增速按照近期、中期、远期GDP均增速分别为 10.0%，9.0%，7.8%。然后就知道了工业需水量究竟要多少。整体来说，从 2015 年到 2020 年，再到 2030 年，工业需水量将不断攀升。2015 年农业灌溉水有效利用系数为 0.645，有效灌溉面积 380 万亩（占耕地总面积约73.64%），2030 年农业灌溉水有效利用系数提高到 0.65，有效灌溉面积 412 万亩（占耕地总面积约 80%）。2020 年农田灌溉亩均用水量根据 2015 年和 2030 年的取值估算。再就是生活用水的需水量。因为城市的发展跟城市的规划和人口的不断增加是密切相关的，所以就以城市规划的蓝本来进行测算。生活的需水量实际上对于城镇的居民和农村的居民的用水量是不一样的，最终测算得到许昌市 2020 年的生活用水量达到了 2.1 亿立方米，2030 年是 2.43 亿立方米。最后我们要考虑一点，生态的需水量。因为生态需水量计算现在难以控制，很多都是测算的，没有非常具体的数学公式来计算，那么我们根据河道的生态基流量、蒸散发量，还有其他的一些测算方式，得到了整个许昌市的生态用水预测值，2015 年是 8000 多万立方米，到 2020 年达到 9100 万立方米，到 2030 年将达到一个多亿了。生态的需水量体现了生态环境的改善，用水量显然也是在不断增加。量在增加，但总量是有限的，我们要知道如何去控制它。我们将前面的需水量进行汇总后就得到一个总的需水量，那么许昌市总的需水量到 2020 年达到 9.9 亿立方米，到 2030 年达到 12.3 亿立方米。

三、水资源合理配置与优化调度

我们已经知道，现在许昌市的水资源量是 9.1 亿立方米，那我现在需要这么多水，彼此就可能产生矛盾。这个矛盾如何去解决，就需要通过水资源的合理配置与优化管理来得以实现，接下来我就讲这一部分，水资源的合理配置和优化调度。

讲到优化配置和调度的问题，我们先看一下水资源合理配置里面涉及的自然和社会的二元水循环的模式。在自然社会的二元水循环过程中，自然界和社会的需求之间存在一个二元结构的问题，就是自然社会的二元结构问题。我们要解决用水问题，就要驱动水资源的合理配置。我们的中心目标是要让环境更加友好，水资源够用，不至于影响我们的生活和生产。还有一个二元效应的问题。自然界里的方方面面都和人是一对矛盾统一体，需要采用科学的方法实现统一。接下来看一下水资源的配置模型怎么去实现。

水资源配置是采用了目前常用的一个 Mike Basin 软件来做的，这是丹麦开发的软件，国际非常通用。通过建立模型，知道这个区域内的用水户、取水口在哪里，流出的水量是多少，是怎么流的，把这些基本情况输入到模型当中，然后根据各项参数进行计算。许昌市有三条较大的河流，其中有一条水质非常好，作为水功能保护区的一级水源地来保护，主要作为供水水源的地表水体。许昌市不少地方是采用地下水作为供水水源的，但是因为地表水河流在很多区域都受到了污染，那里的地表水就不能作为生活饮用水了，只能作为农业浇灌或者是其他用途。所以在不同区域的生活用水，有的只能采用地表水，有的只能采用地下水，有的地方是地表水、地下水兼用。河流的水质受到污染后，需要经过水厂的治理，转化为供水水源。我们在进行水资源的配置时，共制定了 20 种配置方案，对 2015 年、2020 年、2030 年分别进行了计算。2015 年已经过去了，但是我们当时计算的和真实的结果是相当吻合的，那么中期的话，是 2020 年，远期的是 2030 年。

我现在讲的规划主要是 2020 年的水资源配置及供需分析。因为水资源的配置是不能一次到位的，必须经过两次配置、三次配置，才能够达到我们的需求。当然，如果降水量非常大，水资源量很丰富，这些工作就可以免掉了，因为水量够用了，就不要去考虑这些问题了，但是明年、后年、大后年是什么情况？更重要的是未雨绸缪，防患于未然，所以我们要做这项研究工作来解决，万一明年是干旱年怎么办。首先以多年平均的来水情况来进行水资源的一次配置。经过输入参数，得到的配置结果表明，许昌市的长葛（一个县级市），缺水最为严重。其次是鄢陵县，还有魏都区，魏都区是许昌市的一个区，还有许昌县。这主要表现在生活工业型的缺水，有些地方是农业缺水，有的地方是其他缺水。我们通过水资源的一次配置，得到水资源缺乏的地方主要是三个地方，魏都区、鄢陵县，还有长葛市。那接下来要考虑特别干旱年的时候怎么办，我们都是用概率的办法来进行配置，采用同样的软件。结果发现，多年平均有9.1亿立方米的水资源量，在特别干旱的时候，水资源量就没有那么多了，只有5.2亿立方米，所以导致这些农业生产活动都出现了矛盾，缺水量达到4亿多立方米啊。那怎么办呢？就要对水资源进行二次配置。在一次配置时，主要考虑的是本地的水资源量，那么在进行二次配置的过程中，就要考虑过境的水资源量了。我刚才讲了，过境的水资源量有南水北调工程、引黄工程，还有一项内容，就是排水过程中不是要经过污水处理厂嘛，那这里面有一部分中水，中水回用当然不能拿来喝，但可以作为农业浇灌用水。所以二次配置里就新增了南水北调、引黄济源工程，还有河流整治的水源。在特殊情况下，二次配置有时候还是不能满足要求，那怎么办呢？就需要削减它的用水量。一般情况下是先削减工业，再削减农业，尽量保证生活用水。经过削减了，也还是不能满足要求怎么办呢？该用的水都用光了，那就要进行水资源的三次配置。实际上我们在做水生态文明城市建设过程中提出了很多预案，就是新建水利工程，向洪水要资源，增加水源，从外面调水等办法进行配置。这样三次配置之后，最后满足了我们的需求。这就是整个水资源的配置过程。

四、水环境治理与水生态修复

下面呢，我们还要关心水质的问题，因为前期许昌的水质脏乱差的现象格外严重，水污染也特别严重，接下来我要讲第四部分，水环境治理与水生态修复。

水环境治理当然要进行水质的污染调查、水环境的调查。我们课题组2013年到当地进行调查，走遍了每一个角落，发现污染的因素是农业面源污染很严重，主要是农业化肥的使用问题，还有就是工业污染，包括重金属污染、石油污染等。生活用水污染主要是氨氮污染，还有河流的内源污染的问题。通过水质监测报告，我们发现，许昌市的几条河流，氨氮的平均含量都达到了每升 7.72 毫克，还有 2 毫克的，3.3 毫克的，含量很高。Ⅴ 类水质的标准是 2 毫克，实际上它都比 Ⅴ 类水质更差，称为劣 Ⅴ 类的水。当然有一些地段，河流的上游，人烟稀少的地方，水资源功能保护区的地方当然还是有水质比较好的，有 Ⅲ 类水的，Ⅱ 类水的，但较多的还是 Ⅳ 类、Ⅴ 类，甚至劣 Ⅴ 类水。所以水环境的污染分析发现，在河流的上游水质比较好，其他部分水质非常差。

我们如何去改善这个水环境问题呢？既然是生态文明建设，那就要对整个市区的水系进行重新规划，河道要进行整治，水环境要进行修复。然后在此基础上全面系统地科学规划，采取新建水利工程等措施，来达到解决水环境修复的目的。这里有几个大的水利工程要进行调整，第一个是耿庄的退水闸，第二个是颍河的引水工程，还有大陈闸的调蓄引水工程等。我们更加关注的是市区的水系规划，因为这关系到千家万户城市居民的问题。

水环境修复我们设计了很多工况，调水究竟调多少水，进来调水的流速多大，在不同的工况下通过模拟得到调水的实验结果。然后水系连通，发现整体的计算方案都是比较合理的。这是一个渐进的过程，因为水环境的改善是一个比较长的过程。经过三年多的实施，效果非常显著。后面还需要对河道进行改造、规划，然后治理。不同的河道规划的模式不一样，我们做了很多具体的工作，使现在的许昌面貌焕然一新，和五年前绝对不一样。

五、水文化挖掘与水景观规划

接下来我们要讲讲水文化的挖掘与水景观的规划。水生态绝不仅仅是讲量很重要，质也很重要，要上升到文化的层面、景观的层面，给人一种享受。

那就要挖掘水文化，做好水景观的规划。说到许昌市的水文化建设，就不得不提到许昌市的文化基底，三国文化、大禹的治水文化、花馍文化、陶瓷文化、军事文化，以及远古文化、猿人文化、宗教文化等，在许昌体现得淋漓尽致，在全国都很少能找到。尽管它不是像开封、洛阳这么大的古都，但是文化内涵已经非常丰富了。从历史文化的分布我们看到，一些文化的分布，名胜古迹的分布，不知不觉都跟水相连，都跟水系的发育演化有着直接联系。那么水生态如何与水文化交融呢？我们通过研究，把整合清潩河的三国水上游乐园区和运粮河的三国历史文化遗产这条廊道给打通，打造以三国文化游览体验为主题的游览环线，通过实施水利工程设施和人文景观的规划，使之得以实现。像这个运粮河，可以打造以三国历史文化遗产为主题的廊道，这里一共设立了18个景点。其他的河流呢，我们都会以不同的特色进行呈现。

六、组织管理与保障措施

当然在实施过程中，我们的力量还是有限的，还需要有相应的组织管理和保障措施。我们和当地的政府进行对接，通过碰撞产生火花。资金投入也要到位，没有投入，纸上谈兵有什么用。保障措施呢，就是加强组织管理，坚持规划引导，做好制度保障，加强监督考核，注重科技支撑，开展广泛的宣传工作。

七、水生态文明城市建设效果评价

我们干了这么多工作，规划了这么多项目，投入了这么多资金，那么投资效果评价怎么样呢？水利部首先对许昌市水生态文明建设进行了技术验收。水利部委派专家对许昌市的水生态文明试点工作进行了技术评估，现场考察，听取汇报，质疑答问，通过具体评议，现场评分，形成了评估意见，最终材料符合验收，还进行了行政验收。因为我们是国家拨钱，要经过两道程序，技术上满足要求了，国家还要对你进行行政验收。水利部和河南省人民政府共同在许昌市召开了水生态文明建设的行政验收会议。验收期间，专家组织查阅了相关的文献资料，进行了现场的考察，听取了工作汇报，得出了评估结果。验收委员会一致同意通过许昌市水生态文明建设的试点验收。许昌市将成为水生态文明建设的典范之城，人水和谐的生态之城。经过三年多的整治，拉动了旅游产业，取得了非常明显的效果。2015 年旅游的综合收入是 59.7 亿，2016 年就达到了 74 亿，2017 年是 107 亿，今年到现在为止将达到 159 亿，工业农业也在同步增长。所以足以见得，整个环境的改善对于当地经济的发展起到了巨大的推动作用。

当然我们也非常感谢水利部、许昌市人民政府、许昌市委，还有河南省水利厅，给予的大力支持。这个研究成果实际上已经撰写成了一本书，2017 年 5 月科学出版社已经出版。我今天讲的报告，是以这本书作为蓝本，跟大家介绍一个成功的具体案例。2017 年 5 月 8 日，我拿到样书的当晚，收到了一个意外的惊喜，意外的惊喜是什么呢？中央电视台《焦点访谈》栏目居然播报了许昌市水生态文明建设在全国的示范效应，这对我是一个莫大的鼓励和安慰，所以我觉得做这样一项工作很有价值，也是对我们课题组的认可。

因为时间有限，不可能面面俱到，在这里很高兴与大家一起分享，谢谢各位同学。

时蓓玲

中交第三航务工程局有限公司

海上风电土建工程的
技术现状与发展展望

时蓓玲，教授级高工，中交第三航务工程局有限公司副总工程师。从事水运工程科研技术工作20多年，在港口工程结构、岩土工程等领域取得了大量研究成果。先后参加东海大桥、洋山深水港、港珠澳大桥、东海大桥海上风电等重大工程建设中的技术工作，并做出了重要贡献。著有《水下挤密砂桩技术及其在外海人工岛工程中的应用》等专著，发表论文数十篇。曾获中国水运协会、中国航海学会等颁发的多个科技奖项，并获全国和上海市"五一劳动奖状"，获交通部青年科技英才、上海市重大工程建设杰出人物、上海市"三八红旗手"标兵、全国女职工建功立业标兵等荣誉称号。

大家下午好！首先我说一下这个选题，这个题目是以我自己亲身经历的工程为背景选的。我想讲一个大家在目前的课程当中接触还比较少的，同时在我们国家乃至全世界工程界都非常热门的领域，就是海上风力发电的土建工程。我希望这个选题能让大家比较感兴趣，特别是考虑到这个领域可以涵盖我们工科试验班的大部分专业，因为这是一个系统性的工程，需要的基础知识理论也非常多，在全世界范围内都是工程界的前沿，所以我希望能够通过这个选题，让大家有所收获。

先说说海上风力发电现在为什么这么热门。海上风力发电有几个特点：首先，它是可再生能源，不像化石能源，烧没了就没了。靠风力来发电，没有污染，也不占用土地。现在土地资源越来越紧缺，包括港口建设的岸线资源也是土地资源的一部分，现在也十分紧缺。还有一个特点就是它跟一般的土建工程相比，建设周期非常短，别看它是庞然大物，但建设过程非常快。另外，因为我国有一万八千千米海岸线，风能资源分布非常广泛，海上的风比陆地的风要大，风越大，风能资源就越丰富，发电的效率就越高。

对风能的利用古已有之。最早是 10 世纪、11 世纪就有了，再后来是荷兰用大风车来提水，把海水排出来围海造田，这是全世界有名的，所以荷兰是"风车之国"。《唐·吉诃德》这些文学作品里也都有提到。中国也是很早就有了，中国是全世界最早利用风能的国家之一，在宋朝的诗词当中就已经出现了利用风车进行磨面、灌溉的情景。但是中国古代的风车是垂直轴的风车，现在海上风电、陆上风电站大都是水平轴的。

但是这些利用都没有真正实现工业化、规模化，还要等待一场科技革命的到来。1973 年石油危机以后，人们意识到化石能源终有一天会消耗殆尽的，而且全球的气候变化也日益得到了重视，风力发电才开始得到关注。特别是 1992 年《联合国气候变化框架条约》签订以后，碳排放已经成为全球性的问题，所以现在几乎所有发达国家都在投入大量的人力、物力、财力研究风力发电。我们国家虽然起步比人家略微晚一点，但是现在发展非常快。

今天我的讲座主要有五个方面，给大家讲讲行业发展概况，讲讲基础结构的设计和施工，再讲一下风机是怎么样安装的，最后讲一下这个行业的发展趋势和展望。

一、行业发展概况

真正工业化的海上风电发展是从欧洲开始的。欧洲对海上风电的开发大致分为两个阶段。1990 年，一些北欧国家最早开始小规模地研究和示范，都是从试验样机开始的，任何新型风机的产生都是始于一个试验样机，然后把这个试验样机安装到海上去，发电，然后进行改进，基本上是这样一个过程，现在也一样。第二阶段就是商业化的阶段了，是从 2000 年以后开始的。2001 年全球第一个形成商业化规模化的海上风电场在丹麦建成，当时规模不大，20 台 2 兆瓦的，进入到兆瓦级应用了。现在欧洲海上风电发展比较好的也就是这几个国家，丹麦、荷兰、英国、德国等。这张图是全世界范围内新增装机容量的趋势图，棕黄色部分是欧洲的，是绝对主力，占领了全世界范围内装机容量的88%（图1）。浅黄色是亚洲的，主要是中国和日本两个国家。

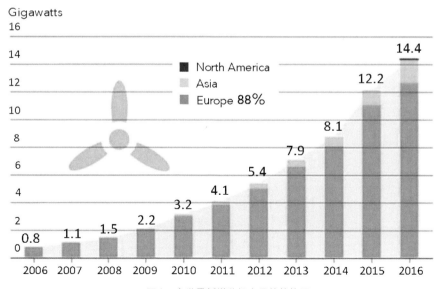

图 1　全世界新增装机容量的趋势图

上面一点点的棕红色是 2016 年刚刚出现的，就是美国。美国 2016 才开始规模化开发海上风电。为什么欧洲发展得这么好？这和他们的风资源有关系。大家如果去过荷兰，就会知道，那个国家风很大，风力资源非常丰富。我们国家虽然没有欧洲的风大，但是海上的风也不小，台湾海峡风速达到十米以上。所以总体来说，我国在全世界范围内依然算得上是一个风资源丰富的国家，具备了大规模开发的条件。

我们国家开发风资源最早是从 2005 年开始的，全国人大通过了可再生能源法，从此风电发展纳入了法制框架。2014 年国务院发布了能源发展战略行动计划，提出要着力发展清洁能源，推进能源绿色发展，将它列为我国能源发展的指导思想。2016 年国家能源局又进一步发布了风电发展的"十三五"规划，到 2017 年，发改委和海洋局联合发布了全国海洋经济发展"十三五"规划，又把海上风电产业列入海洋经济当中。

那么我国真正的海上风力发电工程是从什么时候开始起步的呢？是从 2006 年起步的，就是东海大桥海上风电示范工程，这是全国第一座海上风力发电工程，也是亚洲第一座（图 2）。如果大家前往东海大桥，会看到大桥两侧有大风车。2006 年开始做设计和风机的选型，真正开工是 2008 年，也

图 2　东海大桥海上风电示范工程

就是说，到现在正好是10年。2018年11月，我们公司开了一个全国性的海上风电技术研讨会，就是为了隆重纪念我国海上风力发电工程建设10周年，这个项目就是由我们公司负责施工的。

当时的施工非常困难，号称"四无"，就是无技术、无设备、无标准、无先例，完全空白。在这种情况下，我们完成了34台国产3兆瓦风力发电机组的安装，而且采用的是整体安装技术。整体安装技术当时只有欧洲一家公司有这项技术，我们当时跟这家公司去谈，希望引进他们的技术或者购买专利产品。专利产品是什么呢？就是风机的塔筒下方的一套装置，上面这个我们把它叫上部吊架系统，下面的叫柔性缓冲系统。大家知道海上施工浪很大，因为有风的地方必然有浪。上面这个塔筒到风机的轴心位置是88米，风机的叶轮直径有将近90米，所以整个结构物大概有130米高。就是说，起重船需要吊装一个130米高的结构物，而且又是个重心很高、迎风面巨大的结构物，要把它安装到基座上，可想而知摇晃的幅度有多大。安装的精度要求是2毫米，就必须要稳定在一个相对静止的状态，底下有一圈螺栓孔，把这一圈螺栓孔对上，对到2毫米范围内。如何安装？这个难度堪比空间站对接。所以我们要有专用装置，一个叫柔性缓冲系统，还有一个叫精确定位系统。这个技术绝不是我们一下子就能想出来的，也是查阅了欧洲人公开发表的一些文献资料，然后去推测其原理。和欧洲人谈判引进他们的专利产品，但是欧洲人的开价难以接受。怎么办？自己研究！产学研结合，同济大学的老师也有参与到我们的研发团队。

投标的时候，有很多施工单位参与，除了我们公司以外，其他所有的投标方案都采用固定式施工平台的方案，需要在海上打桩打设一个平台，利用平台上的起重设备进行安装，这样就可以获得一个比较稳定、静止的施工条件。只有我们一家公司不用平台方案，用船，施工速度就快多了。当时很轰动，本以为中国第一次海上风电，会从比较保守的办法做起，没想到一步就跨越到用浮船进行整体安装，大家都觉得我们中国人很厉害。

刚才这个话题有点远了，我们继续讲国内的发展情况。简单一句，就是我们国家装机容量呈爆发式增长，目前已经排到全世界第三位。按照现在的发展速度测算，到了 2020 年，我国将成为全世界海上风电第一大国，绿色能源会在我们的能源结构当中占有越来越重要的成分。其中比较集中的是江苏、福建、广东，开工的量相对比较大，目前规划最大的是在广东省。

随着技术的进步，海上风电建设成本也在逐渐降低。目前海上风电上网电价是八毛五，也就是说，海上风电的电价几乎是传统火力发电的两倍。而风力是不需要成本的，火力发电是要烧煤的，风力发电怎么会这么贵？这个其实很好理解，因为它是新东西，新技术刚刚诞生的时候都会成本高昂，因为它的发电机组昂贵，土建工程成本昂贵。但是这个价格肯定会迅速下降的，经验证明，新技术一旦突破了工业化的瓶颈，它的价格就会迅速降低。和欧洲很多国家一样，风能的利用是有国家补贴的，但欧洲现在已经看到希望的曙光了，已经有一个风电场实现了无补贴中标，德国已经出现了全世界第一个无补贴海上风电项目，招标已经完成，工程即将建设。而我们国家现在压力还比较大，无论是电力企业，还是我们这样的施工企业，压力都非常大。但是，中国人一向是不甘落后的，我们也希望实现无补贴，那怎么实现无补贴？就是靠技术进步把建设成本降下来。目前我们国家的建设投资成本不同，福建、广东等地的地质条件、水文条件恶劣，所以工程建设成本明显比别的地方高。

二、基础结构设计与施工

下面开始给同学讲干货，先讲基础结构的设计和施工。今天讲座的题目是海上风电的土建工程，还有的不是土建工程，而我今天讲的仅是土建工程。海上风电场的建设，一般分成这样几个步骤（图 3）。首先是风资源评估，需要建测风塔，对风资源连续观测一到两年，然后进行投资分析。第二步是基础建造，然后是机组设计、机组安装，最后接入电网。我们公司做两件事情，一个是基础建造，一个是机组安装。

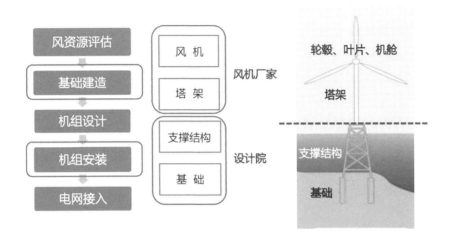

图 3　海上风电的土建工程

先说组件，海上风机一共有这样几个组件，上面是风机，包括轮毂、叶片、机舱。中间这部分叫塔架，下面这一块叫支撑结构，再下面入土的这部分叫基础。以支撑架构和塔架这道线为分界线，分界线上面主要由风机制造商来完成，下面的土建工程由搞土建工程的团队来完成的，包括设计、施工等。这两部分也是需要衔接的，而且这个衔接非常复杂。

海上风电的基础结构形式有固定式基础和漂浮式基础两种。固定式支撑是着底的，主要有五种形式：重力式、单桩式、导管架式、多桩承台式、吸力筒式（图4）。也有组合起来使用的。但是如果到了深海，做固定式基础就是一件不经济的事，就要用漂浮式，漂浮式又分成半潜式、立柱式和张力腿式。最常用的还是固定式基础。

1. 重力式基础

首先介绍重力式，如果水不太深，基床土体具有比较高的承载力，也就是地质条件比较好的时候，比较适合用重力式（图4）。如果基床条件不能满足承载力要求，就要进行地基处理。重力式有一个缺点，因为它是主要靠自身的重量来实现稳定性的，如果水比较深或者波浪比较大的话，整个基础的体量就会变得非常大，工程建设就变得不经济。所以一般来说，水深超过

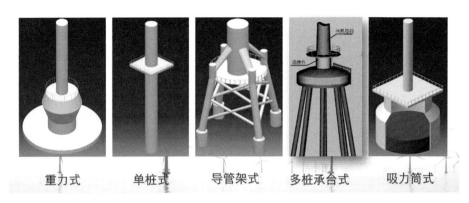

图 4　海上风电的基础结构形式

10 米，我们就慎重采用这种形式。事实上中国的地质条件不太好，这种形式在中国的使用条件十分有限，目前还处于小规模的试验阶段。

　　那么重力式基础是怎么做的呢？首先，在海床上开挖基槽，然后抛石，再整平夯实（图 5）。还有一个办法就是直接加固，不开挖也不抛石，对浅层比较松软的土进行加固，用各种地基加固手段直接将其处理成比较坚实的地基。重力式基础的优势之一是可以在预制厂进行预制，把预制好的重力式基础浮运至风机机位，往里灌水下沉，沉下去以后再灌入砂石。还有一种办法欧洲人也比较常用，就是先在预制厂把重力基座做好，同时把风机直接安装上去，然后连同重力式基础一起拖运到风电场机位，再注水下沉、注砂石，直接安装就位。

　　2. 单桩基础

　　单桩基础，顾名思义就是一根桩独立成为基础，那么这根桩就必须非常大。一般直径是 4～8 米，现在国内最大直径已经做到 7.8 米了，是我们公司做的。大家想想，这个直径很大，是个庞然大物，所以必须要用大型的沉桩机械才能把它打入海床。上部结构跟塔筒之间的连接呢，欧洲人是采用灌浆连接，因为塔筒套在下面的桩上以后，中间会形成一个环形的空腔，这个环形的空腔采用一种超高强灌浆材料填充（图 6）。为什么这么复杂？因为海上风机有一个特殊要求，上面的塔筒要非常直，施工期垂直度要保证在千

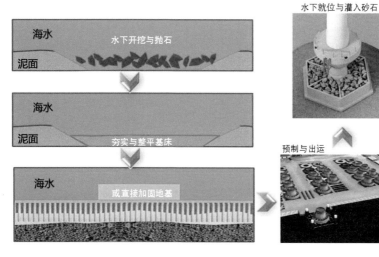

图 5　重力式基础的制作

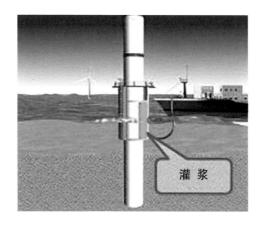

图 6　单桩基础的灌浆

分之三以内，否则风机的工作就会受影响。但是一般在海里用船打桩，船处在摇晃状态，很难保证桩的垂直度。那怎么办呢？就要通过中间一个过渡段，把这个斜度调整过来，调整到千分之三以内，这是欧洲人的技术。但我们中国人很厉害，我们第一个单桩基础的风电场就把每根桩的垂直度打到千分之三以内了，就在江苏如东。所以，我们不需要这个过渡段，直接实现了机械连接。所以中国人直接把这步跨越过去了。后来欧洲的一些风电场项目也不灌浆了，也要求施工单位把桩打到千分之三以内的垂直度。这是我们中国人的创新，并推广到了欧洲。

尽管这种结构是庞然大物，但是结构很简单。我们喜欢讲一句话，就是在海里插一根筷子，然后在筷子上装一台电风扇，连上电线就发电了。事实就是这样，一根桩打好，风机往上一装，然后海缆铺好，就可以发电了。所以海上风电场建设周期短，就是这个道理，所有的结构物在陆地上尽可能先做好，拖运到现场，一次性安装完成，非常快。

那么单桩基础是怎么制作的呢？首先用最小厚度 8 厘米的超厚钢板在专用的卷板机上卷成圆形，两两对接焊起来，拼接好后整桩出运。整装出运现场还是蛮壮观的，整条船只能运输一根桩，运到现场再把它打下去。

打桩的过程也要好好讲讲，这里面的技术非常多。一个就是打桩要用超大型的打桩锤。大家看，这是一个打桩锤，白色的部分是液压锤，是从欧洲进口的（图7）。旁边这几根叫锚桩平台，锚桩的直径是 2 米，中间这根单桩的直径是 6 米。这张照片来自第一个单桩基础的如东中广核的风电场。底下要是有岩基的话，桩就打不下去了，就要用嵌岩钻机。大家看一下这台嵌岩钻机（图8），这张照片来自辽宁，其中设备是从德国进口的。大家看，这些大型设备都是欧洲的设备，我们到现在还没使用国产设备，但现在国内已经有好几家企业在研制了，太原重工已经生产出来了，嵌岩钻机呢，也有洛阳平煤等企业在研制了，它的原理和盾构掘进机很相似。

3. 导管架基础

下面一个基础叫导管架基础。单桩基础虽然很好，但如果水太深就不适应了。如果水深超过 20 米，单桩长度增加，柔性增强，刚度就不能保证了，而单桩的直径又不能无限增大。所以水深到 30 米左右就使用导管架基础。导管架基础就是下面有好几根桩插入海床，然后在桩上面安装一个钢架，可以是内插的，也可以是外套的。这个连接部分就必须用超强的灌浆材料了。超强有多强？ 120 兆帕。这个灌浆料最初也是由欧洲公司垄断的，价格昂贵。

图 7　单桩沉桩

图 8　单桩嵌岩

10 年前开始国内就有好几家公司研发这种材料，我们公司也是其中一家。我们的研制工作踏实而低调，在相当长一段时间内，只能做到 110 兆帕的强度，离 120 兆帕始终差一口气，尽管偶尔能到 120 兆帕，但不能稳定。我们国家第一个用导管架基础的海上风电场，是广东桂山风电场，当时采用欧洲人的材料来试验，结果表明在广东的炎热气候下，强度也难以稳定在 120 兆帕，和我们公司的研发结果大致相当，但价格比我们的贵得多。因为广东气候炎热，又是夏季施工，超高强的灌浆材料很粘稠，容易堵管。而我们的国产材料很好地适应了气候条件。现在，国产材料已经形成了几种强度的系列产品，性能优异，国内的海上风电建设，灌浆材料的生产和施工已经完全实现了国产化。

　　我们讲讲导管架基础怎么制作安装（图 9）。首先在工厂完成钢结构制作。安装过程可以是先打桩，再安装导管架，再进行导管架调平。因为塔筒对垂直度要求很高，所以导管架一定要调平，今天时间有限就不展开了。调平完后就是灌浆了。灌浆设备在一条工作母船上，这是灌浆管，灌浆是从底部灌，然后从上面溢出，等溢出了就认为灌满了。

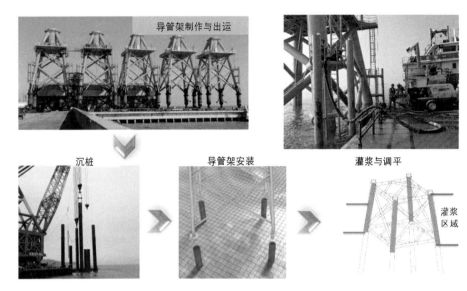

图 9　导管架基础的安装

4. 多桩承台基础

下面讲一个中国人自创的基础结构，叫多桩承台基础。我们国家第一次做海上风电——10年前的东海大桥海上风电，就用了这种创新的基础。这个欧洲标准里没有，日本规范里没有，美国规范里也没有，中国人当时因为首次建设海上风电场，所以采用了这种最稳妥的基础，借鉴了桥梁和码头建设的经验，并且有现成的施工设备。不能小看这种结构，为什么呢？因为中国海上风电后来进入了爆发式增长阶段，全国各地都有建设项目，如果采用单桩基础、导管架基础，全国能进行施工的船机设备十分有限，但是能做高桩承台的设备有很多，门槛不高。后来欧洲人发现我们这个基础的优越性，并将它纳入了欧洲标准。

高桩承台基础怎么做呢？首先打桩，像这样的打桩船在国内有很多，打完桩以后上面做混凝土承台，采用一个钢套箱作模板，然后在模板里面施工钢筋混凝土，做好后把外面的这个钢套箱拆掉，成为一个多桩承台基础，跟做桥梁基础是比较相似的。

5. 吸力筒基础

现在还有几个比较新的基础形式也在开展试验，给大家介绍一下。一个是吸力筒基础，看这张图（图10），它里面是个空腔，上面是塔筒，下面是无底的，这种基础在水上可以漂浮，因为它里面是个空腔，就像一个杯子倒扣在水里。把它拖运到现场之后，把水抽出来，用负压的原理下沉到设计标高。可以用一个筒独自成为一个风机基础，也可以几个筒并联在一起，上面再加一个导管架，成为组合基础。如果水比较深的话，就用几个筒并联的结构形式。这些叫吸力筒或者负压筒。这种结构是欧洲人发明的，在欧洲已经有成功的案例了，中国现在正在做实验。

关于负压筒，首先是制作运输，大家看这4个负压筒和整个导管架，卧倒船运，到了安装的现场，用起重设备把它翻身吊立起来，负压下沉后，再往里面灌注砂石，再把风机装上去。最后上面还有一层防冲刷，其实任何一个基础最后都有这个步骤（图10）。

图 10　吸力筒基础的安装

下面说一下风电基础的设计要点，海上风电的固定式基础有四个特点。第一个特点是受动力荷载的作用，基础结构的动力响应显著，具体有风荷载、波浪荷载、机械荷载等。第二个特点是发电设备对基础结构的变位有很高的控制要求。刚才我跟大家讲，施工期垂直度要保证在千分之三以内，欧洲的规范规定，风机塔架在泥面处的转角小于等于 $0.5°$，施工期如果考虑一半则为 $0.25°$。因为风机塔架和基础在长期运转过程中会持续变位，需要有一定的预留。由于对垂直度要求非常高，所以施工过程中存在高精度的要求。第三个特点是高耸的柔性结构，重心高，迎风面大，反映在施工过程中就对船舶的稳定性有很高的要求，对施工来说是一个很大的挑战。第四个特点是离岸工程。根据国家发改委的"双十"规定，海上风电场离岸距离须在 10 千米以上。离岸距离远了，波浪荷载复杂，水动力特征复杂，施工难度非常大，需要专业化的大型设备。这些是海上风电基础结构的四个特点。

那么正常的设计也有这样四个要素。作为一个设计人员，需要做四方面工作。一是承载力极限状态设计。所谓承载力极限状态设计，就是它的竖向承载力水平、抗稳定、抗滑移等。同学们进入大二专业课学习的时候，都会学到这些知识。第二是正常使用状态设计。例如变位方面的要求，偏位不能超过 $0.25°$，还有混凝土裂缝限值等。第三是动力特性分析。如果同学们学到结构动力学的话，就会知道结构物是有自振频率的，而且有一阶频率、二阶频率、三阶频率。风机一圈圈旋转，每转一圈就扫过塔筒一次。一片叶片扫过塔筒的频率，我们叫 1P。三个叶片扫过塔筒的频率，我们叫 3P（图11）。我们要求这个结构自振的频率必须位于 1P 和 3P 之间。如果这个塔筒架基础结构的自振频率位于 1P 或 3P 这个范围内，它就存在发生共振的可能，这是不允许的，所以一定要让自振频率在 2P 这个区域内，所以设计过程会有很多工作在这上面，这些是动力特性分析。第四个是疲劳分析。这个比较好理解，因为它是一个动荷载为主的结构物，又是一个纯钢结构。钢结构里面有很多节点，很多钢构件连接在一起，这样的节点在动荷载作用下容易出现疲劳破坏，而且事实上很多破坏就表现为疲劳破坏，所以需要进行局部应力分析。这些是结构计算的四项基本工作。

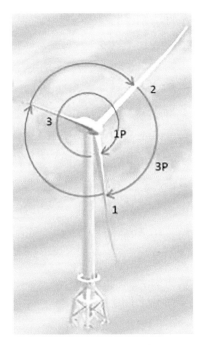

图 11　叶片的自振频率

　　实际过程要比我讲的复杂得多，我在这儿略微举几个例子给同学们看看它的复杂程度。我们从一个最基本的讲起，桩土相互作用分析。桩土相互作用是一个非线性关系，就是力和位移或者力和变形的关系不是线性关系，如果是一般的高层建筑，我们算一根桩在水平荷载下的变位，用线性分析基本够了，但是风电基础属于小变形构件，非线性关系明显。所以我们一般采用这样一组土弹簧，弹簧一般都遵循胡克定律，对吧，我们中学物理就学过胡克定律，力和弹簧的压缩量是成正比的，但是在风机的基础设计时，这个弹簧是非线性弹簧的，而且它的非线性关系非常复杂。

　　第二个例子是单桩基础的尺寸效应。我们所有的教科书都告诉大家，桩是可以简化成一维杆件的，因为相对于它的直径来说，它的长度很长，所以可以把它简化成一维杆件，作为一个梁单元或者杆单元来进行设计，但是风电单桩基础不可以。因为它的直径太大了，更像一个筒，所以它的尺寸效应远远超过了我们计算梁单元的基本力学假定。然而在这方面世界范围的研究仍没有到位。大家都发现它的计算存在尺寸效应，但到底影响有多少？怎么样把它量化？目前都还没有一个定论，有很多教授在做这个研究，包括我们同济的教授。所以同学们如果有兴趣，将来可以在这方面继续钻研。

再举一个例子，海床冲刷的影响。计算桩土相互作用，用非线性弹簧假定以及有限元数值方法，是不是就可以了呢？不是的，实际上一根桩打进海床，只要一天时间海床就会发生变化。同学们知道吗，东海大桥的那些桩基，施工期就发生了明显的冲刷。大家想象一下，如果冲刷 5 米就是桩的悬臂长度增加了 5 米。特别是在流速大的水域，所以要做防冲刷保护。设计人员不仅要算清楚桩土相互作用，还要充分考虑冲刷作用的影响，这些复杂的影响属于流体力学的问题。

第四个例子是循环载荷引起桩周土体弱化。大家听这个名字不知道怎么回事，我来解释一下。就是说，风机安装在这里了，风机长期工作就会形成一个动力荷载，影响桩基周边的土体，土体就会出现强度弱化。比如说原来有 50 千帕的强度，经过长期震动，逐渐变成二三十千帕，所以在计算的时候，如果勘察报告表明土体强度有 50 千帕，就照着 50 千帕来计算是不行的，需要考虑强度弱化。这里面涉及土动力学问题，十分复杂。

再举个例子，尾流效应，这是空气动力学问题。什么叫尾流效应？风扫过去的时候，第一排的风机在转，风扫过它之后，气流就发生了紊乱，所以在它后面的尾流就变成了紊流。这个紊流就影响到后面的几排风机，叫尾流效应。这会对后排风机产生额外的负荷，从而影响发电，这又是个空气动力学的问题。气流在和叶轮相互作用后，形成了更多的紊流，不再是平流了，使后面的机组处在尾流之中，产生额外的荷载。实际上风机荷载的计算非常复杂，不展开了，希望大家能够好好去学习这些基本的力学理论，教科书上的理论都是十分有用的。

我硕士阶段学的是计算力学，在我看来，对风电基础的计算来说，计算力学所有的手段都可以用上，也包括流体力学和空气动力学。

如果水再深了怎么办？就得发展漂浮式风电了。漂浮式风电主要有三种结构形式：立柱式、半潜式和张力腿式（图12）。半潜式是可以在水里晃动的，它底下有几条锚泊链。立柱式也是可以晃动的，像不倒翁一样，重心在底下。张力腿式是靠浮力和底下的预紧力把它固定在海底的。现在欧洲、美国、日本都已经将深远海域的漂浮式风电纳入了发展规划，而且已经建成了多个示范项目。为什么欧洲、日本这些国家会大力发展漂浮式风电呢？这跟他们的地形条件、水深条件有关，也跟风能资源有关。日本是个岛国，地形特点是离开了这个岛，地形就会陡降，水深骤然增加。无论是火山岛，还是珊瑚礁岛，都是这样。水太深了就没办法做固定式基础，就只能做漂浮式风电。但是我们中国上海、东海这些地方就不一样，有漫长的大陆架，大陆架水深是缓慢变深的，就不需要做漂浮式。但是如果我们大陆架的风电场开发完了，我们就得到深远海域开发风电资源，也得做漂浮式。漂浮式风电的成本现在还比较高昂，但是未来会大幅下降，因为它的安装和维护简单，做好了浮运过去，

立柱式　　　　　半潜式　　　　　张力腿式

图 12　漂浮式基础的结构形式

锚抛下去就好。哪天风机出故障了就把它拖运回来，修好再拖航过去继续发电，或者换到另一个地方，所以后续的维护成本会非常低。现在中国也进入全面科研阶段，我们上海也是率先的，上海已经立项开展深远海域漂浮式风电的研究了。

三、风机的安装

下面简单给大家说一下风机的安装。风机的安装，严格讲已经不属于土建工程了，但是为了讲座的完整性，也因为我们公司做得比较多，所以我给大家讲一讲。我们从事风机安装的人大部分是学机械的，因为是跟设备打交道。这是风机的结构图，里面是齿轮箱，就是发电机，下面是塔筒，这是叶片，这个像轮子一样的东西是轮毂（图13）。风机的安装分成两大类，一是整体安装，就是在陆地上把它全部拼好，然后拉到海上去安装。还有一类是分体安装，就是在海上把组件一件一件装上去。安装方式的选用要综合考虑海床条件、水深条件、风机机型。在中国，由于幅员辽阔，自然条件差异巨大，所以形成了不同的安装工艺。

首先讲整体安装。东海大桥第一个海上风电场用的就是整体安装。首先会在一个基地上完成所有的整机拼装，装好后就把它整体拖走，把它拖到现场以后，用起重船把它吊起来直接装上去。当然我说得很简单，实际很复杂，要用一整套整体安装技术，比如精确定位、柔性缓冲，确保风机安然无恙地坐上去。平时我们同事喜欢用一个形象的比喻，就是把一个老人家抱起来，轻轻地放到沙发上，让他稳稳地坐上去。

第二种是分体安装，分体安装要用这种自升平台船，这个是欧洲人经典的技术。这条船下面有四条腿，腿平时是收起来的，等船到了安装现场，这四条腿用液压的原理压到海床下面，就像打桩一样，把船托举出水面，形成一个稳定的施工平台，船就不再晃了。然后把风机的组件一件一件安装上去。

另外，中国还发展出了坐底式安装（图14）。因为中国有些地方有潮间带，

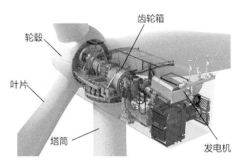

轮毂

叶片

塔筒

齿轮箱

发电机

图 13　风机的结构图

图 14　坐底平台船

比如说江苏大丰。什么叫潮间带呢？潮起潮落，潮水来了是一片海，潮褪去就是一片浅滩，一片陆地了。这种情况下怎么去安装？船先进到现场，退潮了，船就坐滩上了。中国人巧妙地利用了这个原理，潮上来的时候船往里开，把这些部件往里运，潮一退就安装，因为这时候就自然形成了一个施工平台。潮水再上来，船再换个地方，继续安装作业。当然我说得很简单，实际上没这么简单。因为坐滩的话，要攻克很多技术难题，坐滩不是随随便便就可以做的，做得不好，船体因为受力不均会断裂破坏的，所以这里面还有很多自动监控、自动调载等技术。

东海大桥风电场当时为什么用整体安装？有几个原因，一是当时国内还没有任何专用的风电安装船，所谓专用的风电安装船就是自升平台船，而且我们当时如果从国外租赁这么一条船来，价格非常贵。另外一个非常重要的原因，就是对地质条件的考虑。大家看，左边是中国的安装船，右边是欧洲的安装船（图15）。好像没什么区别，但其实是有本质区别的。大家注意没有，中国这幅图多出 10 ～ 20 米厚的软粘土地基，而欧洲没有。欧洲的水深，而且是砂质海床，特别适合用这种船。这种船底下有个脚，我们叫桩靴，就是一个扩大基础，这个桩腿进入砂层只要一两米就站住了，足够把这条船顶起来，所以砂质海床是个得天独厚的条件。但是中国不行，中国很多海域有非常厚的软粘土，东海、长江口、钱塘江口、珠江口、渤海湾都有这种地基，

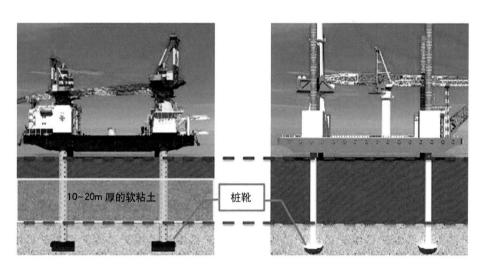

10~20m 厚的软粘土

桩靴

图 15　两种风电安装船

一二十米厚的软粘土，桩腿得要穿过软粘土地基才能把船托举出来。举出水面后，安装作业完毕需要移船，得把桩腿收上来。但是有这么厚的软粘土，桩腿很难收上来。所以在中国用这种船当时是非常冒险的，我们没有把握，因为地质条件完全不一样。欧洲这种船的使用手册，在中国不适用。如果使用这种船，我们最大的难题就是，要站得住、站得稳、拔得出。后来我们也是经过了科研攻关，改变了桩靴，我们桩靴比欧洲的桩靴大很多，有 100 多平方米，相当于一套房子的面积。在东海海域，不做到这么大的桩靴，船根本站不住。

总的来说，整体安装和分体安装各有优势。整体安装起重能力强，不受水深限制，分体安装靠自升平台船，水太深就不行。整体安装要有一个拼接基地，分体安装不需要基地。

四、发展趋势与展望

现在的发展趋势，第一是单机容量大型化，中国现在最大已经到 7 兆瓦了，国外已经到 10 兆瓦了。

第二是建设厂址向深远海域发展，越来越远，自然条件也越来越恶劣。

第三是风机基础设计一体化，刚才我讲过一条分界线，分界线下面由设计院来做，上面由风机厂家来做。但是自振频率等计算不可能分开计算，必须得两个耦合起来。目前是设计院先把基础部分做初步设计，结构计算进入大型有限元解联立方程组，把方程组的刚度矩阵、质量矩阵取出，再由风机厂家继续计算。过程很复杂。所以现在工程界呼吁要一体化，而一体化是一个计算力学难题，或者数学难题。希望大家好好学习力学和数学，将来去攻克它。

第四个趋势就是基础结构形式不断优化。

接下来是地质勘察精细化。FUGRO 是全世界最伟大的岩土工程公司，这是一家跨国公司。他们的地质勘察极为精细，远超国内水平，差距巨大。所以学岩土的同学们有空上 FUGRO 公司的网站看看。由于他们的精细化勘察，使得欧洲人海上风电的建设从某些角度看比我们顺利很多。海洋工程的岩土勘察，是一个门槛比较高的领域，同学们如果有志向往这方面发展，我觉得中国的海洋岩土勘察将来肯定是一个非常好的发展领域，欧洲人就是靠精细化勘察，使风机基础结构的优化成为可能。

五、结语

最后给同学们几句话。第一，基础理论很重要，特别是力学。刚才我已经举了大量的例子，里面有大量的基础理论的问题，学好数学、学好力学非常重要。第二，学好外语很重要，特别是英语。我搞工程二十几年，一直从事技术工作，我发现我们搞工程技术，有一条经验就是直接查国外资料，这样可以避免重复走一些外国人走过的弯路，节省很多时间，所以学好外语很重要。第三，听懂了不等于掌握了，要亲身去实践。第四，要去更广阔的天地开拓自己的人生。大家都是非常优秀的人才，搞工程设计、搞施工大有可为，特别是像海上风电这种新兴领域。

自己的人生要自己做主，通过大学四年到五年的时间想清楚自己到底适合干什么，喜欢干什么。不要听社会上的一些言论，一定要听自己的内心。通过学习，在课本上定能找到自己真正的兴趣所在，将来一定能有所成就，取得成功。

我今天的讲座就到这里。

学生提问 1：如果在海上遭遇台风，或者海浪非常大，会不会对这些发电机组造成一定的影响？

回答：关于海上的台风，我讲两方面，一个是施工过程，一个是发电运营过程。首先，海上施工过程我们强调一个专用名词，叫作业窗口。什么意思呢？时间是一个横轴，在这个横轴上分布着天气条件和海浪条件，我们一定要在里面截取一段，就这一段是可施工的，比如说风速不是很大，浪也还可以，这个窗口期比如说有 24 小时或者 36 小时，我们所有的设备资源就全部在海上就位，等窗口期来临。一旦这个时刻到来，就争分夺秒把安装过程、施工过程完成。所以，海上安装有"三大吊"，这个吊的动作一般不超过 3 次，要精简这个吊的动作，所以每一次安装都需要精密策划。在吊的过程中，整个船体的受力是怎么样的，海浪是什么方向，水流是什么方向，都要经过精密的测算。

如果是台风期，作业窗口一定要避开。所以在海上施工，天气预报会非常重要，我们是不看公众预报的，需要精细化预报，就跟我们做力学计算一样，是加密网格的计算。什么叫加密网格？就是精确到每小时，并对地理坐标进行网格加密，并对恶劣天气进行避让。那么运营期呢，首先这个风机本身对风的适应能力是很强的，它有一个偏航的功能。在设计过程中，不仅需要对正常天气条件下的发电工况进行验算，也要对极端天气下的结构安全性和稳定性进行验算。

学生提问 2：发电机的叶片对风向的要求高不高？因为在沿海地区都是季风气候，夏天和冬天刮的风方向是完全相反的。

回答：做风电场选址规划的时候，风向是一个重要的考虑因素。如果你们后面学专业课的话，很快就会接触到一个东西，叫风玫瑰图。里面有主风向，比如说东南风和西北风是主风向，但同时这个风机本身也是可以适应各种风向的。

学生提问 3：陆上风电和海上风电，哪一个更有前景？

回答：我们公司不做陆上风电，我们是专门做水上的，但是我可以讲一讲。实际上风能的开发是从陆上风电开始的，我们国家陆上风电开发最早的是内蒙古、甘肃、新疆这些地方。我从这三方面来比较。第一，陆上风电跟海上风电相比，陆上的风没有海上大，所以建同样的风机，陆上风电的发电效率不如海上风电。第二，陆上风电尽管建在大草原上，但它毕竟占用了土地资源。海洋不一样，建得越远，风资源越好。第三，对环境的破坏影响不一样，陆上风电破坏植被，这个问题比较严重。目前大家最担心的就是海上风电对候鸟、鱼类是不是有影响。上海市做过一个国家级课题，通过对首座海上风电场的长期观察，可以得出这样一个结论，对鸟类和鱼类到目前为止还没有发现任何影响。

张 旭
同济大学机械与能源工程学院

健康、热舒适与建成环境

张旭，教授，博士生导师。同济大学机械与能源工程学院暖通空调研究所所长，现任中国建筑学会暖通空调分会空调专委会主任，中国制冷学会常务理事、第五专业委员会副主任，上海市制冷学会副理事长兼秘书长，中国勘察设计协会建筑环境与能源应用分会理事、上海市委员会副主任，全国建筑环境与能源应用工程专业教学指导委员会副主任，评估委员会副主任，国际制冷学会 E1 委员会副主席等职务。主要从事暖通空调领域的教学、科研工作，在复杂通风系统及其相关理论、空调热湿交换过程及其应用、新型暖通空调系统及末端、能源与环境综合评价方法及大气污染控制、低成本村镇能源系统评价与构建模式方面开展研究工作。主持船舶装载舱通风降温、超大特长隧道环控及防灾通风、同步辐射光源环控、中微子实验站环控、核电站非能动热阱环控、磁悬浮列车环控、大型铁路客站地源热泵系统设计及运行优化等多项国家级重大工程的相关课题研究工作，主持国家自然科学基金、863 项目、"十五""十一五""十二五"科技支撑计划课题多项，发表论文四百余篇，其中 SCI/EI 论文百余篇。获国防科学技术进步二等奖，上海市科技进步二等奖、三等奖，华夏奖一等奖、三等奖，上海市教学成果二等奖，宝钢教育奖，容闳科技教育奖，光华教育奖等奖项。

各位同学大家下午好！我今天的报告题目是"健康、热舒适和建成环境"，建成环境的英文是 Built Environment，在国际 QS 排名里，同济大学在全世界排名第 18，当然这个里边不全是我们设备方面的，也有城规建筑，所以 Built Environment 是一个比较大的范围。它对应的本科专业之一，建筑环境与能源应用工程，就是涉及环境和能源，这两件事情正好是建筑性能改善的最重要的环节，要让它温度降低，要用空调，空调消耗能源，就有很多节能的技术，同时你的舒适和健康是用系统来保证的，那这些系统是怎么集成的，就是这个专业在四年里大家需要完成的。毕业以后在设计院的序列里边叫设备工程师，就是搞机电、暖通空调设备集成等这些工作的，它是建筑物正常使用的重要保障技术之一，所以它是归属于土木类的一个学科，但是又具有能源的特性，所以我们目前是在机械学院和能源类的学科组成一个学科群。我讲这些的目的是让大家了解，这个本科专业的名称叫建筑环境与能源应用工程，涉及的主要技术领域和主要解决的工程问题是什么。但是我报告的题目比专业的内容稍微宽一点，因为人类的文明发展是和专业的发展密切相关的，所以讲三个内容，第一个就是讲专业的起源，工科里为什么会产生这样一个专业，它为什么会属于土木和建筑。第二个我想给大家讲一下这个学科要解决的前沿问题，也就是说，全世界从事这个行业的人公认的两个最基本的问题。第三个就跟大家讲一下，同济大学我们专业在对国家经济发展或者重大工程里所做的贡献。

一、人类文明进程与建成环境技术的发展

我想大家对人类的文明发展过程应该是非常熟悉的，一种学说是讲我们人类是从非洲的东部，经过几十万年的进化，变成智人，最关键的是我们走出了非洲大陆。那么在这个迁徙的过程中，有一个很重要的驱动力，就是要去寻找宜居的环境和气候。20 世纪 60 年代，美国的心理学家马斯洛有个层次需求理论（图 1），这个 warmth 就是温暖，是和空气、水等这些都是关联在一起的。我的报告内容里还有一部分是人为什么不保温就会和疾病的发

病率密切关联。另外，我们人类掌握了用火，也是一种取暖的方式，当然也加工食品等，能够让我们在冰河期通过大陆架迁徙到世界的各个地方。因为我们是恒温动物，在整个的迁徙过程中，要抵御低温，首先就要穿衣服，我们把它叫第一层防护。正是因为有了第一层防护，使我们人类对建筑的依赖没有那么密切，所以房屋的历史和我们人类的迁徙历史相比，房子的历史只有一万年左右，像半坡遗址等。那么个体的防护、围护结构以及取暖就构成了我们人类在寒冷的季节能够迁徙生存的一个非常重要的条件。因此早期房屋的建造是很粗糙的，能遮遮风、避避雨就可以了，但也有供暖的火炕等这些。不管怎么样，建筑的历史在人类的文明史里面相比，是不太长的，而建筑环境与能源应用工程要解决的工程问题，或者建成环境技术体系里边很重要的一部分只有 200 年左右的历史。

它的作用大家也都知道，一个就是要创造舒适的环境，特别在上海的同学，在夏季如果没有空调，房子里就很难待，当然这个房间的温度冬天也是非常重要的。另外一个作用就是室内的环境，其实我们室内的环境不光是温

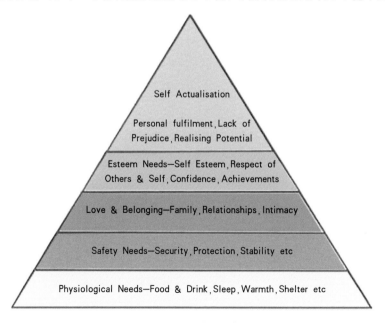

图 1　马斯洛的层次需求理论

度和湿度，还有一个污染物的问题，比如说有些同学感冒了，那么我们在一个空间里边，如果没有好的通风系统，感冒病菌就会迅速传播，特别是在幼儿园等人群抵抗能力比较差的环境下，它的传播速度很快，因为大学生都是青年人，抵抗能力都比较强，这个问题不是太明显。但是对于建筑环境来讲，除了舒适，要保证人的健康这件事情其实是个非常复杂的、涉及很多专业的问题，不只是空气的味道，二氧化碳浓度，也跟化学污染物，也跟房间是不是发霉，对我们人体呼吸道的传染等都是有很大影响的。

在房子这个问题上，我们中华民族的历史非常悠久，我们也是人类四大文明发源地之一，在长期的生活过程中，南方和北方形成了非常明显的建筑上的特点。比如说北方地区就是厚的建筑，墙特别厚，来抵御冬天的寒冷。南方地区要通风遮阳，所以你看我们的街道都很窄，很窄的街道夏天就有很好的自遮阳功能，这些都是我们人类在长期的生活过程中对自己生存环境改善的一种自发的行为。最近的研究发现，人类的发病率实际上是和温度有很大关系的，如果气温低了，人就特别容易生病。这样的话，建筑内部保证冬天有一定的温度，夏天也要保证它在一个合适的温度范围，是我们人类健康生活的一部分。这个专业早期是没有的，我们北方也好，南方也好，都没有用设备来改变我们的环境。

谈到真正对这个专业早期的贡献，我想提三个人。第一个人叫 Max Joseph Pettenkofer，是德国慕尼黑大学的一个病理学家。他在研究过程中发现人如果在不通风的环境就比较容易生病，特别是在最近的，欧洲的城镇化比我们早大概 250 年左右，人一密集以后，传染病就特别容易蔓延。那怎么样避免传染病呢，他就提出了三个观点。第一个观点，他说，如果空气污染以后，即使你不得病，你的抵抗力也会下降，现在大家都意识到了这一点。第二个就是讲，消除污染物的最有效的办法是让室内不要有污染物，这件事情就有点难了，因为当时在欧洲主要的污染物就是壁炉，如果要把壁炉搬出去，热量留在室内，它就需要一个采暖设备，因此如果要把热源和它的末端分开，就需要专门来做。第三个对我们的贡献就是规定了二氧化碳浓度的指标，1000 ppm，到目前为止，我们人类仍然是用 1000 ppm 来作为我们室内空气二氧化碳浓度的指标，超过了 1000 ppm 要加强通风，不能让它超过 1000 ppm 这样一个值，其实他在早期就提出这样的指标了，但是他后边还有一句话，实际上我们都没有太注意，就是讲二氧化碳本身不是污染物，它是其他污染物的指示剂，后边我讲通风的时候专门讲这个。但是这个第二条我们就认为是我们专业早期成为一个技术体系的最关键的原因，就是要把污染源和改善室内环境这两件事分开。

第二个我要介绍的专家叫 John Shaw Billings，我们能够查到他写的最早出版了的一本书，叫 *Ventilation and Heating*，就是《通风和采暖》，并且他在医院里给出了一个集中供暖的模式。这本书同时给出了很多装置让大家采暖，那就和刚才 Max Joseph Pettenkofer 讲的对应起来了。

第三个人，空调的发明者 Willis Haviland Carrier。现在全世界有四大空调公司，开立、约克、特灵和麦克维尔，其中开立就是他当时创建的公司。他在工业应用的时候发现，如果能够把温度控制好，印刷的质量就会提高，后来人们就把他这个技术用在了人类自己身上。最近网上有个网络语言，叫"空调救了我的命"，指的就是因为有了空调能够在炎热的夏天给我们创造一个相对舒适的环境。Willis Haviland Carrier 最大的贡献，除了发明了空调以外，他还提出了一套空气处理的理论，就是焓湿图，我们叫 Psychrometric，焓湿图能够把空气处理的过程非常形象地表达出来。选这个专业的学生，你可能一辈子都离不开这张图，来对你设计的空调系统进行规范。同时他还发明了制冷机，这个制冷机也成为我们现代空调的最关键的设备，从此空调和制冷这两件事就变成了一套设备，但是用在不同的地方，就变成了这样一个产业。目前我们中国空调制冷行业每年大概是有 7 千万到 8 千万左右的产值，所以它就业的产业链也很长。

现代建筑已经和传统的建筑完全不一样了，这么多的人，这么多功能的建筑，有工业的，有交通的，有科学装置，它的环境必须要控制，已经不再是我刚才提到的那三位提到的温度和空气质量，而是多了一个洁净度，就是对颗粒物还有要求。我们知道现在国内的芯片产业，生产过程中有洁净度的问题，如果洁净度控制不好，温度的精度控制不好，那么这个工业就很难实现某些功能，我在后边讲大科学装置的时候会用到这个东西。

二、建成环境科学前沿问题简述

这个专业发展到现在，它的前沿的科学问题已经逐渐明晰，每一个独立的专业都应该有自己独立的科学问题，这个科学问题我们把它凝练成两个：第一个是舒适，热舒适，就是我题目上讲的 Thermal Comfort。第二个就是健康，室内空气品质，IAQ 是个缩略语，Indoor Air Quality。那么这两件事情都是我们对创造健康的室内环境的表征，它的技术措施是要用通风的方法来解决。那么通风和 IAQ、和健康的关系就变成了一个科学问题需要去探索。那科学问题和技术问题最大的区别在哪里呢？科学是人类对自然的探索，它本身没有对和不对，这个探索让大部分人能够接受我们的成果，然后在这个过程中不断推动理论的进步。所以第一个科学问题我们叫热舒适理论体系的构建与演化，这个现在一直还在变化，第二个就是室内空气品质。

当然还有应用层面的前沿问题，第一个是建筑节能，大家都知道。建筑用能现在已经占到我们国家能源总量的 40% 以上，包括建材的和钢材的一部分。第二个就是我们现在越来越多的新能源，怎么把这些不同品质的能源集成在建筑里边。比如说我们现在风电造出来以后，如果要通过电网输送，我就要把它升压到 35000 伏安，然后再输送。那为什么不能在附近就地把它用掉，这对我们建筑用能就提出了一些新问题。还有，我们现在国内有很多数据中心都建在内蒙古和甘肃，就是因为这两个区域有大量的可再生能源，可再生能源怎么和传统的能源互补起来使用，这是我们目前第二个前沿的问题。第三个就是大家都非常喜欢的人工智能，现在空调系统太复杂，可以由人工智能来做一些判断和调节，在保证环境舒适的前提下，用能最少。因此这一条也是我们 2018 年土木工程领域的前沿问题。土木工程里边前沿问题很多，但是我们建成环境就占了一条，就是人工智能和建筑环境与能源系统的智能控制。

下面我们来讲两个前沿的科学问题。第一个舒适，那什么是一个舒适的环境，这也是整个行业，或者整个领域里大家都在探索的一个最基本的问题。最近五年我们同济大学在热舒适方面就拿到了四项国家自然科学基金。那到底什么是舒适呢？其实每个人都会觉得这件事挺奇怪，如果没有人告诉你热舒适是怎么一回事，它怎么会成为一个科学问题呢？因为每个人对温度的理解都是不一样的，它怎么会有一个科学问题凝练出来呢？大家会对这样的问题有各种各样的答案，但是恰恰是它答案的多样性，使得我们用不同的数据和不同的对象描述这一类的问题，就会产生不同的理论体系，这是我今天要跟大家讲的。

那么热舒适的定义也告诉我们，舒适不是一个确定的温度，不是说25℃舒适，26℃就不舒适，舒适是一种比较玄的描述，就是你内心满意的感受。ISO的标准把它讲得更加清楚，既有物理方面的问题，就是温度、湿度、风速，又有生理方面的问题，你的代谢、你的饮食、你的心情都会影响到舒适的描述。还有一个就是心理方面，我们也做过实验，假如手里有个遥控器，你对室内温度的要求就不高，为什么呢，因为你随时可以调嘛，你心里很放心。这种心理上的暗示，对热舒适也是有影响的。同样的环境下，有人穿羽绒衣，有人穿绒衣，有人穿短袖，在这种差异性里边找它的规律，就是一个比较难的问题。

对这件事情目前主要有两种不同的观点。第一种观点认为，舒适是在一个稳态的环境里，所以在我们传统的人类的观念里面，什么叫舒适呢，就是室内环境稳定，比如说相对于室外工作者来讲，室内工作者就容易受到人们的推崇，说这个工作好啊，你看一年四季穿个白大褂，多舒服。然而室外就是夏天热冬天冷，不舒适。所以到商店就会发现，夏天一个温度26℃，冬天一个温度22℃，整个空调系统就围绕着这两个温度来进行调整，就构成我们现代空调的设计和管理运行的一种模式。

第二种观点认为，舒适是在变化过程中人才能有的体会。比如说从冷到热的地方，外边很冷，一到房间很暖和，尽管它的温度没有达到我们设定的22℃，但是也会觉得很舒适，为什么呢，因为和室外的冷相比，室内是暖和的，那么冷到热的过程他就觉得舒适。夏天我们从太阳地底下走到阴凉地，温度实际上差别不大的，但是你也会感到舒适。因此也有人认为只有在动的过程中你才能体会到舒适，我们对罪犯的惩罚，就是把他关起来，不让他体会，或者随意体会室内外温度的变化，就是这样的一种单一的环境，对他造成一种惩罚。

这两种观点实际上有共同的地方，也有不同的地方。第一个观点的代表人物叫 Povl Ole Fanger，是丹麦技术大学的教授。Fanger 教授就发现每个人体会的舒适都不一样，但是它应该有一个统计规律，这个统计规律怎么得到呢？他就拿人去做实验，根据表格，比如中间的叫中性，上边叫热，下边叫冷，让人填表。80% 以上的人认为满意的环境，他就认为是舒适的。有人问他，那剩下 20% 的人不满意你怎么办呢，他又去做了一个实验，就是对不满意的和满意的，再去做一个对比，在这个过程中，他又把跟舒适有关的六个因素，归纳成了一个舒适方程，对这个理论贡献很大。将来你们如果学这个专业，会系统地学习 PMV 和 PPT 这一套理论体系。实际上就是用统计数学把各个不同的观点集成起来。概率论里讲，复杂的问题通常不一定有很清晰的逻辑关系，但是大部分的复杂现象，会有一个统计规律，统计规律对个体不一定有意义，这是我们在研究的过程。后来在方格的理论基础上，我们就划出了两个舒适的区。0.5 克罗就是人穿衣服的厚薄，就是短衣短裤，1.0 克罗就是穿得稍微厚一点，我们现在大部分同学都是在 1.0 克罗的。你穿的衣服的多少，你对环境温度变化的感知也是不一样的，那么这个变化的过程中就把空调系统应该怎么让大多数人满意这件事给定下来了。

他这个理论体系一直影响我们到现在，但是刚才我讲的动态舒适的这些人也一直在努力，他说不是每个人都可以在稳定的环境里工作或者生活，静态的东西你可以填表，动态的东西环境参数是变化的，怎么做调查呢？因此就通过生理的指标，按照人体温度调节的规律来测定你体内的感受器。这就是对动态舒适的调节，这个过程我们也有一个基本规律，就是人从热到冷的响应时间很短。比如说夏天我们到房间里面，温度一低，马上就要起鸡皮疙瘩，打喷嚏来调整自己，但是从冷到热的地方，你会花很长时间。后来悉尼大学有个教授叫瑞切尔，他发现在环境温度 26℃时，有自然通风和在稳定情况下的舒适的温度就会有很大的变化。这个研究成果直接反映在我们规范里边，就是我们室内的温度不再是夏天26℃，冬天22℃，而是室内温度随着室外温度的变化，它是一条变化的曲线，这样就给控制和调节带来了一些新的变化和难度。但是因为室内温度比原来的26℃和22℃更接近环境温度，所以它的节能效果很明显。所以科学对技术有一个促进的作用。

后来又有科学家发现，人为什么会对自然有一个适应，是因为人体的脂肪有两种，一种是白色脂肪，一种是褐色脂肪。如果你长期在冷环境下生活，你的褐色脂肪的含量就会多，你就会对冷气候有比较好的抵御能力，因此就解释了为什么欧洲人不怕冷，亚洲人怕冷。到现在为止，他的观点是不是对还没定论，但这就是科学研究的基本特征，大家都在探索怎么样让描述更加合理，对工业的节能或者对人体的舒适健康有更好的指导意义。

因为人有很好的调节能力，所以没有必要把温度固定，可以让人去适应环境温度。这也就是现在大家普遍的一个认识，南方同学不怕冷，北方同学怕冷。为什么呢，因为南方大部分是没有取暖的条件的，因为我们国家特殊的环境，北方供暖，南方不设置采暖，那么长期以来，我们几代人就形成了这样的一种习惯。北方因为有采暖，所以他就怕冷。

热舒适的理论到现在一共有两个理论体系。第一个是稳态的舒适理论，这个很成熟了；第二个就是适应性模型，也是全世界目前正逐渐发展成为一个主流的热舒适的理论。

第二个科学问题就是室内空气品质和健康以及通风。美国和加拿大做的研究发现，大部分人都认为室内空气品质存在问题的主要原因是新风量不够，那为什么新风量和室内空气品质能关联起来呢？室外空气我们认为它是好的，因为我们人类长期的进化过程是在室外完成的，所以我们对室外空气有一个特殊的敏感性。那把新风加大不就可以了吗？不行，按照我们现代的建筑，如果我室外空气进来太多，夏天室外温度35℃，室内温度二十几摄氏度，那么它的能耗就特别大。第二个，送进来的空气是不是对消除各种不同的污染物都是有效的，也不一定，所以就把这个问题搞得复杂了。我们人类室内污染物的种类也发生了很大的变化。最早我们的污染物就是人本身和因为我们点火等产生的污染物。到 20 世纪 60 年代，我们大量使用合成材料，合成材料里边的化学污染物，就是我们讲 VOC 等这些问题，是人类进化过程中所没有的，所以非常容易在这种化学污染物散发的条件下生病。现在我们又有了新的污染物，包括电磁污染等。比如说建筑正好是在一个变电站的旁边，有人做过实验，根据电磁感应就可以让灯泡发亮，如果我们人类在这样的电磁环境下生活，也很容易生病的。因此居民都不希望大功率的变电站在自己的住宅区旁边。

在通风量确定过程中也有这样三个人，刚才已经讲过了 Max Joseph von Pettenkofer，第二个就是 C．P．Yaglou，第三个就是 Povl Ole Fanger，这三个人也是对我们通风系统贡献很大。

刚才我讲 Max Joseph von Pettenkofer 的时候，讲到二氧化碳的问题，美国人在 20 世纪 80 年代到 90 年代做了一个实验，建筑里释放的二氧化碳浓度已经到 7000 ppm 了，受试者并没有感觉到不舒服，因为潘多浩夫有一句话，说二氧化碳本身不是一种污染物，无色无味，所以人没有感觉。因此，美国就在很多场合把二氧化碳浓度定得比全世界其他国家高。比如说我们飞机的适航条例，它的二氧化碳浓度是 3000 ~ 5000 ppm，建筑现在是 1000 ppm。欧洲的专家就觉得美国这个实验有点偏，为什么呢，它是放的二氧化碳，潘多浩夫讲的二氧化碳是人呼出的二氧化碳，因此他们也做了一个实验，用五个不同的罐子，串联，然后每个里面放个兔子，每次最先死的一定是第五个兔子，那就说明前四个兔子呼出的二氧化碳对第五个兔子的寿命有明显的影响，这个实验也做了很多次。所以对二氧化碳究竟应该控制在多少这件事情上，我们还在探索中。

第二个就是 C．P．Yaglou，他的时代恰好是"二战"期间，士兵都聚集在一起，怎么保证他们的健康？因此他就做了很多实验，如果不洗澡会出现什么问题，人多了以后密集会出现什么问题，出现问题应该怎么通风。截至目前，这些实验数据仍然是我们人类最宝贵的知识财富之一。

第三个就是 Povl Ole Fanger，刚才我讲热舒适的时候，讲到他发明了一套用投票的办法来判断房间舒适和不舒适的理论，也被国际 ISO 组织采纳了，他觉得这件事已经做得天衣无缝，无懈可击了，因此在他学术生命的后半段转向了健康。他研究的时候，是把所有的污染物都转变成气味，污染物散发源多，气味就比较怪。因为他做过实验，人对气味的敏感程度超过目前所有仪器，仪器目前能够探测到的痕量元素的浓度大概是 PPB 或者是 PPT 这样的量级，鼻子比仪器要高三到五个数量级。另外他把室外的空气也分了等级，山里边的空气是最好的，建筑周围空气是最差的。不是通风都有效，好空气少通一点没关系，坏空气通再多也不好，所以他提出来的这一套理论恰好对应我们国家目前的状态。如果室外有雾霾，还要通风吗？这就给我们又提出来一个新问题，怎么把室外的污染空气变成洁净的空气，来改善我们室内的环境。

我们国家的城镇化进程比欧洲、美国大概要晚 200 年左右，我们遇到的问题是他们曾经遇到的问题，或者他们同时也在面临的问题，因此我们怎么缩小和国际上研究的差距，提高我们的研究水平，走出一条适合我们国家的室内健康标准和通风的思路，这是我们今后若干年要努力奋斗的。

两个科学问题实际上目标是明确的，就是以人作为研究对象，但是结果还都在探索过程中。第一，什么叫舒适我们目前还不太清楚，我们需要更好的理论来准确描述，在不同的场合应该有不同的舒适的标准。另外一个就是在通风方面，我们也需要针对各种不同的污染物来制定净化或者通风的工作。这两项工作也是我们专业、国内乃至全世界都在努力探索的问题。

三、典型建成环境营造技术与创新解决方案

工科和文理科最大的区别就是工科要去解决工程中复杂的问题，特别是我们同济大学，我们要和国家的经济发展和重大工程结合起来，提出一些自己的解决方案。我原来对建环专业讲过几个案例，这次我又重新梳理了一下，来讲几个问题。第一个是空间站里边的空调，第二个是我们国家核电的技术，第三个是我们的大科学装置，后边都是大科学装置里的一些复杂的环境控制。当然，一定要跟大家讲清楚，其实解决问题的过程还是非常复杂的，我只能

用几分钟的时间对一个工程做介绍，不要觉得这件事是容易的，实际上是我们很多代人，甚至整个人类提出来的解决方案。

空间站从 2004 年就提出来了，空间站和航天器最大的区别是人在空间站要生活三个月到半年，甚至更长时间。那怎么让宇航员在空中能够更健康地工作呢？本来这个项目是航天五院在做，后来他就说这个问题咱们能不能借用一下国内的研究机构或者大学来帮着来做一些技术方案。因为当时国外的资料并不全，技术有一定的专有性，所以很少在科学文献中能够查到。当时他们找了几个航空航天比较强的学校，后来有人说能不能找一个建筑类的高校，那么就找到我们同济大学来参与，我们几家单位共同对这个项目投标。对方提出了两个要求，第一，不要讲舒适，先把系统减重 60%；第二，就是要改善宇航员的生活质量。这两个问题实际上对我们建筑来讲不太难，但是对航天器来讲挺难。原来的思路是使劲儿训练宇航员，让他转呀转呀，通过严格的筛选，几十个人里边挑一个。我们不行，房子卖出去了，你知道谁在里边住，所以一定要让住的人舒适健康。那么第一个任务我们比较容易就完成了，因为对于我们来讲，只要有压力，流体就会流动，这是我们专业的一个常识。所以原来设计的这些管道，我把它都去掉了，就用这些放仪器的空间，让它上下有一定的压差，就能够流动。第二，怎么保证舒适的工作环境。我们根据动态适应热舒适的理论，人要想舒适，一定要有冷和热这样交替的刺激，因此我们在里边设计了三个区，睡眠区比工作区高 1.5 ~ 2℃，工作区和活动区中间又有 1℃ 的温差。那么这样的话，就在 36 立方米里边设置了三个不同的温区，让工作、活动、睡眠的时候温度不一样。

第二个案例想讲一下我们国家的核电站。大家知道核电是一把双刃剑，一方面，在发电的过程中不产生二氧化碳和对全球变暖有害的气体；另一方面，一旦发生事故，就会变成一个很重要的事故源。大家都知道切尔诺贝利核电站和美国的三里岛核电站以及最近日本的福岛核电站，都是因为没有很好地控制事故的发生，造成了人类发展史上的大灾难。那么现在核电的核心技术，就是三代核电的核心技术，是当所有的外部能源切断以后，它能够自己保证自己 72 小时不会发生事故，这就是三代核电站的特征。我们国家目前有三个核电技术，第一个是法国的，以大亚湾核电站为主。第二个是我们国家军工自主产权的华龙一号。在江苏，还有一个就是最近我们引进的美国的 CAP 系列，就是美国三代核电站。但是美国核电站自己研制出来这样一套体系以后，因为三里岛核电站，就再也没有建过核电站，把这个技术转让给中国的时候，没有经过实验验证或者商业应用，所以最早美国的三代核电站是在浙江和山东。其中我们负责的是主控室的安全，主控室是核电发生事故唯一可以待人的地方，就是说如果发生事故了，受过训练的人都要往主控室集中，要保证主控室的人是安全的，怎么保证呢？有三个措施：第一，这个房间的墙壁很厚，墙壁里存的热量，正好在 72 小时可以把发热的这些元器件控制柜的热量抵消掉，这样的话保证它的温度升得不要太高。第二，要保证室内的正压，正压是靠压缩空气，里边有 260 个压缩空气罐。发生事故后，压缩空气开始释放，里边既能满足人呼吸的空气，又能保持室内 50 帕的正压，这样的话放射性的粒子就不会进来。第三，里边唯一的泄露就是人进出，那么人在进出的过程中，就会有门带进空气里携带的放射性粒子。针对这三个问题，我们同济大学通过实验模拟，给出了结果。现在这个技术已经应用在实际工程中了。首先是热井，把热量都存在墙里，在屋顶上设置很多肋片，肋片就把传热面积加大了。截至目前，我们仍然有博士研究生在探索，除了加肋片以外，还有没有其他技术。还有就是人开关门能够带进来多少放射性粒子。我们也是通过模拟的办法，先计算人能带进来多少空气，最后也提出来了我们的解决方案。

第三，讲一下同步辐射光源，这是 2007 年和 2008 年上海市的重大工程。这个辐射光源在张江现在已经用了将近八九年了，它中间是一个实验的隧道，然后把光线发射性地引出去，然后来进行各种各样的实验。这也是我们国家在高能物理方面非常重要的一项基础研究。它就是一个电子枪过来，然后进入到储存环，在储存环里边把光线引出去，然后让大家去做实验。这个储存环里的粒子速度很高很高，科学家要求不要因为温度高低不一样产生的位移，让电子加速受到影响，因此对温度有很大的影响。对温度有什么影响呢？我们的控制对象是隧道环，外边就是一个大的空间，里边的温度控制是正负 0.2℃，外边的温度是 0.5℃，我们一般在做洁净，就是稳定的或者做高精度的空调的时候，会通过扰量分解，先盖一个房子，让它的精度波动 0.8℃，然后里边再盖一个房子，让它波动 0.2℃或者 0.3℃。但是这个隧道的外边就是正负 2℃，里边有 0.2℃，这对控制来讲难度就太大了，因此我们就提出来了一个方案。这个方案就是通过气流覆盖让隧道环处在一个稳定的空气环境中，这个气流应该保证在隧道环里边或者周边温度是 0.5℃，这个是我们自己的一个创新，也是保证这个工程最后完整的一个非常重要的技术措施。同时我们对不同的发热量的条件下隧道里边的温度场的分布等也做了研究，我们也有专门的博士研究生来做这样大的惯性系统。这个工作我们做了大概有六年，整个工程都获得了国家科技进步一等奖，当然得奖的主要是物理学家，我们是环境保证这一方面的。

最近我们正在做这样一个工程，这个工程就是探索微观世界的粒子的运动旋律，最近几年的诺贝尔物理学奖都给了中微子波动方面的科学家。中微子现在是国际上高能物理里研究的热点。要想做这样的研究，就要有复杂的条件。条件是什么呢？把这个站就选在了江阳核电站和大亚湾核电站中间的位置，因为核电站的粒子的发射量跟其他地方不太一样，它在地下 700 米，这个地方中间有一个有机玻璃球，里边放的液闪就是捕获中微子的，然后周边埋有发热的电子捕获器，就是这样的一个实验装置。我的任务是，第一，在施工阶段，这个玻璃球是要焊接的，焊接的温度是 500℃，但在焊接点以外的温度变化不能超过 0.5℃，这是对我的要求。为什么会有这个要求？因为这个玻璃球在施工的时候，它的机构不稳定，如果说温度变化比较大的时候，它就会有应力集中或者应力的其他问题。第二，里边因为有好多施工人员，焊接的时候要排除掉有害的气体。第三，建成后，这个玻璃球里边的玻璃球和圆柱体中间是要走冷却水的，把地下的氡排掉。这既要让水流得慢，又要让这个玻璃球面温度保持在 0.5℃的范围。你看都是科学装置给我们提出来的，温度的变化都很苛刻。那这种情况下怎么来做研究呢？我们也通过模拟和实验进行了计算，然后给出了一个通风的策略，就是局部排风，中间送风，利用空气的温度让这个罩体除了焊接的这一段以外，其他的地方都和送风的温度一样。

最后一个就是我们最近在做的另外一个大科学装置，上海的硬 X 射线。上海已经有一个同步辐射光源，现在这条线正在设计阶段，我们同济大学就在硬 X 射线的环控里，我们帮着上海市的其他两家设计院，对它的设计合理性进行验证性的研究。我们在研究过程中，最困难的就是这个波荡段。波荡段的温度要求只有 0.1℃，0.1℃就意味着我的传感器的精度要 0.03℃，但 0.1℃以下的传感器对中国是禁运的。所以我们自己要发展自己的工业，一定要把自己的基础工业做好。在这个过程中，从传感器到控制策略，都是我们过去在国内的其他大科学装置中所没有遇到过的。我们也对扰量进行了分析，对空调设计方案进行了优化，然后对设计院的送风方式、送风量、送风参数都进行了验证，保证它在设计阶段不出问题。

这些都是我们一部分的研究成果，我想既有科学问题，又有解决手段，因此我的结语也很清楚，就是这个专业的起源是和城镇化、和人类聚集以后的健康紧密关联的。另外，它在整个建筑的性能改善方面，大家也要清楚，房子不光是有个外壳、有个结构不要倒，里边的温湿度也是决定它性能的很重要的一个方面。第二个就是每个学科都有自己的科学问题，科学问题是可以探索的，我估计人类可能还要花很长的时间去探索更好的理论体系。第三个，这个专业不只是家里装一个家用空调这么简单，实际上是有很多环境控制的。只要和室外环境不一样的环境控制，都会给我们带来一些挑战或者机会。所以这个专业我觉得在整个工业体系里，也和电子工业、建筑工业、材料工业，以及控制、人工智能等都是关联的一个复杂的新兴学科。

另外我对新生院这样一个新事物，也是非常赞赏和支持的。

作为从事教育工作已经将近 40 年的人，我在德国纽伦堡看到德国的教育宣言，我把它翻译一下，就是教育的目的不是叫你去适应这个世界，而是用实用的知识，用你们的好奇心、你们的创造力去改变这个世界。所以学什么专业，我认为不是一件太重要的事情，把专业学好比选什么专业更重要。

这是我的结论。最后，如果你们选择建筑环境与能源应用工程这个专业，我们一定让大家得到最好的教育。谢谢大家！

学生提问 1：平时去那种商业广场，会感觉里面散热系统不是很合理，顶层和地下车库体感温度都不太舒服。像那种比较高的大厦，怎么解决顶层或者局部温度不均衡的问题呢？

回答：问题非常好，这也是我们专业遇到的最困难的问题。我们现在交通枢纽都讲零换乘，大家从虹桥高铁下来，然后到地下，这个地铁的高度和虹桥高铁站的高度中间有 60 米，60 米的高差就让上边的人夏天很热，下边的人冬天很冷，因为冷空气的密度大，往下沉，热空气的密度小，往上升。有时候是没有办法的。但是对于大型商场是有办法的。我们在早期负荷计算的时候，就会把顶上的负荷加大，让上边的空调送风的温度低一点，下边送风的温度稍微高一点。冬天的时候热空气往上跑，高铁站上边的餐饮都热得不行，底下的那些商铺就遭了殃了，所以下边的肯德基就自己加了一套制热装置局部改善，让肯德基的员工都穿短袖。为什么这个同学提的问题特别好呢？空气密度引起的流动是我们要解决的最复杂的工程问题，有时候我们有办法，有时候我们还没有办法，所以只能讲怎么避免这个问题。

学生提问 2：如何看待现在网络上要求对南方供暖的呼声？

回答：这是个全世界的问题，11 月 4 号我们在郑州开会，郑州来了一个寒流，但是郑州是 11 月 15 号供暖。那是一个五星级酒店，因为没有市政供暖，房间温度就只有五六摄氏度，最后给外国人每人发了一个电暖器。采暖问题是人类共同的问题，但是因为我们国家能源短缺，所以人为地以秦岭淮河为界划一条线，一边叫南方，一边叫北方。北方因为室外温度很低，和人的生存、得病率有关，南方的室外温度一般都在零摄氏度左右，所以就克服一下，不用取暖。这个问题从法律上来讲是不公平的，大家都一样纳税，没有听说北方人因为用了公共采暖设施，就多交税。南方人也没有少交税，怎么就不能集中供暖呢？这是法律界人士的看法。从技术角度来讲，人冷了就要供暖，"十三五"期间有一个课题就是研究怎么样让南方人既不增加能耗，又能生活得幸福。

学生提问 3：对人居环境舒适度的研究和在大科学工程中实现苛刻的要求的研究有什么差别？

回答：一个是共性，一个是个性。共性就是人类的舒适，大家都在探索的一件事。大科学装置是个性，只讲典型问题、个性化问题。如果都讲普遍的，没有个性，这个专业就没有自己的专业领域了，就很难在工科体系里生存下来。所以我讲的大科学装置，是一个典型的技术和工程问题。舒适是一种科学探索，是一种描述。没有舒适理论，人也活了 40 万年，有了舒适理论，最近的六七十年也不见得人人都舒适，对吧，但是大家都在探索。对大科学装置，它是技术，又是工程，它的研究方法要求完全不一样。当然解决问题所需要的经验和专业知识也是不一样的。

学生提问 4：我是北方人，我有一个高中同学在杭州，她觉得杭州那边的湿度非常大，尤其是室内。关于室内湿度对于人的舒适影响，怎么解决呢？

回答：这个问题同样是我们专业最难的问题之一。什么叫除湿？在每立方米空气里只有 8 ～ 9 克的水蒸气。但每个立方里除掉几克，要付出的代价很大。除湿现在常规的技术就是夏天的空调室内机往外排水。大家有印象吧，一天大概就有 10 千克左右的水分从空气里边出来，空调室外机往外滴水就是从空气里除的水。为什么除湿最难？第一，量小。第二，为了除一点点湿，要增加很多能源消耗。比如原来是干的东西，先让它吸湿，吸完以后，如果想让它再吸湿，就让它再生，再生的温度是一百多摄氏度，又要消耗能源。所以现在整个人类都在研究低能耗的除湿技术。

学生提问 5：室内的温度和室内空气质量，哪个对人舒适度的影响更大？

回答：这两个影响不能绝对分开。从舒适的角度来看，和温度有关，也和空气品质有关，这两个因素都要保证。因为它们是耦合在一起的。举个例子，坐国际航班的时候，机舱温度比国内的航班温度低，乘客都要盖个毯子，穿得稍微厚一点。为什么呢？因为欧洲有科学家研究，人在低温条件下对气味不敏感。飞机里坐好几百个人，人有各种各样的味道，就容易让空气闻起来不太好。所以把温度降低，让你感觉空气质量好一点。

学生提问 6：我们冬天在室内开热空调的时候，开的时间长了，虽然比较暖和，但会感到室内比较闷热。而一旦想要通风，气温立马就会降下来，人会很不舒服。关于建筑的通风和保温间的矛盾，有哪些技术可以解决这个问题？

回答：从技术上来讲是没有难度的，只是成本问题。如果学校给每个宿舍装一套新风系统，然后新风也经过处理，就可以了。商业空调都是这么做的，你到商场去，就不会出现刚才这位同学说的问题。技术没有问题，就是成本的问题。

学生提问 7：关于整栋楼那种不计成本的控制温度和湿度对环境的影响，在设计系统的时候会考虑到多少？

回答：你说的这个问题也很重要。我上大学的时候，专业老师告诉我，自从掌握了环境调控的技术，就可以让人类的活动范围扩展到那些不适合人类生存的区域，这就是人对自然界的一种征服。首先，这消耗了大量的能源，产生了对人类、对地球环境有害的气体，制冷剂里有好多让全球气候变暖、破坏臭氧层的东西，那些都是对环境有影响的，我们要少用。但又要保证健康，这就跟节能有关，所以为什么把节能变成我们前沿的工程研究问题，因为我们确实用了大量的能源，建筑用能绝大部分都是空调系统的，我们必须减少能耗，但同时还要保证舒适。现在你看，我们大礼堂两边的这两根圆管子，就是空调系统，也是我们老师设计的。

学生提问 8：把空调的外机直接放在阳台上，然后夏天把衣服晾在那儿。晚上如果开空调的话，一晚上就能把衣服吹干。所以，像大型建筑的中央空调，能统一处理一下，把它当作一种能源来利用吗？

回答：这是一个创新的想法。根据热力学第二定律，空调就是把能量从高温传向低温，从低温传向高温的过程。夏天室外温度高，室内温度低，就要制造一个循环，叫逆卡诺循环。所以室外机夏天往外吹热风，冬天往外吹冷风。你讲的就是怎么把外机的冷和热都用起来，我们现在真的有这种空调，叫三合一。就是用夏天排出的热，让它加热水，用来洗澡。这种创新的思维也是我们设备今后改进的方向。当然定性说一说容易，定量就需要花点功夫。所以你要有兴趣的话，可以参加我们的创新活动，把你的想法通过和工业界联系，做成一个产品，还能申请专利。

学生提问 9：刚才您介绍，建环专业的发展有三个推动者，里面有两个都是生理或病理学家，而且后面提到了热舒适效应。能不能说这个学科很大程度上是建立在对于生物方面的理论架构上的？这个专业对于生理、病理方面有没有推动作用？

回答：我们专业的发源有一部分是在工业发展过程中分出来的，有一部分是从生物学方面发展起来的。健康生理病理这个方向，最早的专业都在国外，叫卫生工程专业。卫生工程学包括了现在的给排水和暖通，但是它主要又是和建筑有关的，所以就把它和人类城镇化以后出现的健康问题，和建筑等都结合在一起了。但是发展到现在，已经不是简简单单的一个生理或者病理问题了。生理和病理还在继续研究，但是我们专业的技术主流变成了建筑室内环境的调控，包括了温湿度、室内空气品质，也包括我今天讲的这些复杂的、典型的大科学装置里的一些问题。它起源于健康病理，但是现在专业范围和技术主流已经比过去要丰富和复杂得多了。所以我们在本科阶段的课程里没有太多生理和病理方面的课程，主要是能源、化学、流体、力学等这些方面的知识构建起来的。所以，在建筑里我们最懂能源，在能源里我们最懂建筑，它就等于是不同学科之间的一个桥梁，把不同学科都串联起来了。

宋锡滨

山东国瓷功能材料股份有限公司

好材料好生活
材料成就未来

宋锡滨，山东国瓷功能材料股份有限公司副总经理兼首席技术官，高级工程师，"十强"产业智库专家，主要从事无机非金属陶瓷材料的研究和产业化，特别是在电子陶瓷材料、水热技术方面，申请国际国内发明专利60多项。曾获国家科学技术进步二等奖、中国专利金奖、教育部科技进步二等奖、山东省科学技术进步一等奖等奖项。

很荣幸今天来到咱们同济大学，给大家上一堂关于材料方面的课程。今天的题目为什么叫"好材料好生活"？因为"好材料好生活"是我们公司的使命，是实现公司员工价值和卓越材料领导者的重要因素。其实在座的各位老师和同学都是我们的客户，大家首先看看正在用的手机。我们公司现在有13个事业部和分公司，其中一个事业部所做的材料是电子陶瓷，就是制造手机里面的电子元器件的材料，例如电容器、电感。全世界商业化的主要有六家公司能够生产，另外五家在日本，中国只有我们一家，占全球份额近40%，是名副其实的"全球老大"。而按照每部手机元器件数量进行衡量，几乎每一部手机都有我们的产品。

另外我再给大家举第二个材料的例子。大家现在可能牙齿都很好，等到了我这个年龄，牙齿开始不好了，就得换上类似全瓷牙了，而这个全瓷牙材料就是由我们13个事业部和分公司中的一个锆材事业部负责生产的。我们这个材料占了中国市场的70%，全球的35%，国外多个品牌的全瓷牙都是由我们代工的。还有呢，就是大家现在用的智能手表了，手表表面和底部的陶瓷材料也是我们公司生产的材料。

一、新材料

今天从五个方面给大家来讲解。第一个，什么叫新材料？今天我们是讲材料，为什么还要讲新材料？是因为随着科技的发展，会产生很多性能优异和具有特殊功能的材料，那就是新材料。其实每个时代的变化都有新材料的产生和应用。很多同学戴着眼镜，大家知道眼镜上面除了玻璃这样的氧化硅材料以外，框架还有一些钛合金或者其他合金，玻璃上面还有镀膜，这些实际上都是材料。

每一个物件都是由材料组成的，而每一个材料也都可能创造一个产业。

以前大家的手机是金属外壳的，现在很多是玻璃外壳的，但有人可能就诟病了，现在一摔容易碎。但碎了也能用，只是上面都是花纹。大家可能不知道，最开始的玻璃外壳还做不到现在这样的耐摔性，是在20世纪60年代，康宁在做玻璃的时候，发现玻璃里掺一些别的元素，它的功能和性能就完全不一样，这种新材料就产生了，这就是现在大家经常听到的康宁大猩猩的前身，现在已经第六代了。大家现在还没用到第六代，等新的手机问世会用到第六代，到时候就知道性能又有了很大的提升。所以一代材料，一代产业。

20年前的手机是大哥大，像一块大砖头，现在的手机功能非常多，手机就能办到的谁还用电脑呢？有一次我去美国参加一个公司内部技术展示会的时候，就演示了未来他们制作的手机，手机往桌面上一放可以产生虚拟键盘，虚拟屏幕进行使用，而这是我七八年前去参加看到的。有了这个手机大家就会说电脑还有必要吗？完全没有必要，但为什么现在还没有实现呢？那是因为要实现这个，手机成本要大幅度降下来，否则的话太贵，谁会买啊。所以所谓新材料的进步，还需要更加便宜、更高质量材料的进步，才能应用到产业，同时产品性能越来越好，也就会带来产业的进步。

我们知道，时代可以用材料来命名，像旧石器时代、新石器时代、青铜器时代等。在材料发展的过程中，每一种材料也都会进步，而这种巨大进步带来的各种变化都是难以想象的（图1）。以前我们生活在衣服颜色只有灰黑蓝的时代，但现在大家可以穿五颜六色的羽绒服，而且有的很薄的就会拥

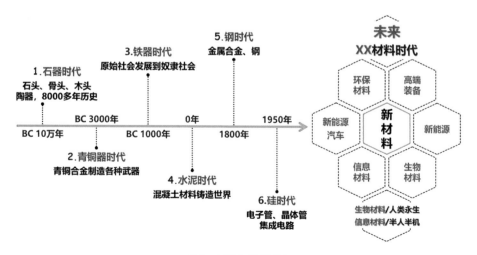

图1 材料的发展过程

有抗寒、抗风、抗雨的能力，比如现代的冲锋衣。但真正的冲锋衣的材料中国都几乎生产不了，都是日本和美国提供的。这也是需要我们继续努力的地方。

材料有三个重要的战略意义。第一，所有技术产业的基础都是材料。比如高纯硅半导体，使人类进入了信息化时代，而未来还有一个材料叫作碳化硅，当碳化硅的纯度达到一定级别的时候，大家知道它做成储存器的储存量会有多大吗？真的能做到一个手指甲盖大小的面积，就能储存全部大脑的容量，到那个时代也许真的能把这个东西存在我们的大脑里，我们也能够形成机器人的记忆能力了。所以这都是变化，告诉大家，现在已经能做到这个级别的纯度了。这个带来的进步不久的将来就会实现。

第二，材料是国民经济和国防现代化的重要支柱。为什么中国要提出成立新材料的领导小组？那是因为新材料的进步关乎着我们各个产业革命性的进步。大家知不知道，光刻机被业界誉为集成电路产业皇冠上的明珠，光刻机荷兰做得好，里面很多材料部件中国做不了，有个部件，只能祖孙三代来做。欧洲人有一些传统，技术从爷爷传到父亲然后传到儿子，为什么呢？因为师傅教徒弟有时候是留一手的，而父亲教儿子肯定希望他全部学会，所以说很多欧洲企业都是家族间传递技能。所以我们也要重视材料技术，将它视为国民经济的重要支柱。

第三，材料对落实可持续发展观大有作为。现在的生活过程中，每天都会产生大量的垃圾，这些垃圾怎么去处理？未来也都要靠材料技术来解决。2011年日本大地震以后产生了福岛的核电站泄露，产生了很多污染，怎么处理呢？日本绞尽脑汁，最后发现了一个技术可以处理，叫超临界技术。利用超临界技术能让整个土地有所还原，否则核辐射过的土地要经过几百年或者几千年才能够还原，时间非常长。但是这跟材料有什么关系呢？实际上这个超临界技术是指374℃，22.1兆帕以上，形成超临界状态，而超临界还可以进行材料的超净提纯。同样，医学研究中发现，芝麻里有一种叫芝麻素的东西，有非常强的抗氧化能力和抗炎能力，利用超临界技术把这个芝麻素提取出来，然后用一种很特殊的膜包住芝麻素，放在人的身体里产生缓释的作用，以达到抗癌的目的。这种材料可以杀死部分肝癌80%以上的癌细胞，在美国已经在做相应的临床试验。

还有，我们中国要制造未来的超级高铁，未来速度将达到每小时一千公里以上，但要实现这种高铁实际上就需要很多新材料。

现在世界各国都在打造智慧城市、智慧医疗，那么将来大家不用到医院去看病了，医院未来只做两个事，一个是对你的身体进行全面的数据分析和监控。你带上一些可穿戴的产品，就可以直接测心率、血糖等，这些数据每天都源源不断地上传给医院分析系统，医院根据这些数据来进行初步分析。然后告诉你现在身体很疲劳了，有什么指标异常，可能会有什么疾病。另一个是如果已经有了病变等问题，就直接去做手术或者医治。这样的医疗系统在不久的将来就会实现。

新材料产业实际上还有另外一种分类，这种分类不是按国家的先进程度，不是按国家的战略，不是按国家的前沿技术这三类去分类，而是完全按照材料自身来分类，这是一种另外的分类形式。这个是国家战略咨询委员会进行的一种分类模式。大家都知道诺贝尔奖，也知道诺贝尔奖里面有生理学或医学奖、物理学奖、化学奖等。但是大家注意到了没有，里面没有材料奖，对吧。

其实几乎每一个诺奖的获奖都跟材料有关，所以诺奖的本质就是材料。

为什么这么说呢？因为产生了一种新技术，就需要一种新材料或者新应用去做支撑，所以说诺贝尔奖不会有材料奖，但是它的方方面面都会有材料的支撑。而且诺贝尔获奖者也表示，现在技术最大的限制主要是材料技术的限制，材料的突飞猛进，就能突破各种工艺方法的限制而达到技术的进步。

二、先进基础材料

这部分主要是跟大家介绍一下先进材料的变化。第一个是先进钢铁材料。飞机和高铁的进步，都离不开先进钢铁材料的进步，但是大家是否知道，实际上我们汽车上的高强度钢至今还是主要依赖进口。有些要求比较高，确实没有办法，我们的不符合标准，还需要进口，所以说先进钢铁材料还有很多值得去做的方面。而我们飞机发动机的叶片在高温下运行还不行，在高温下性能差距还非常大，这些都要提升。

　　然后是先进的金属材料。你看现在的汽车都改成铝合金或者镁合金，因为它们比较轻，强度韧性又高。最早我们的手机是塑料的，后来用不锈钢，再后来用铝合金，现在用陶瓷，这都是一个进步的过程。先进的化工材料的进步还是有目共睹的，比如说有机方面的，大家现在穿的衣服，用的笔记本电脑，坐的飞机、汽车，里面的很多材料都是有机化工材料。先进建筑材料主要体现在智慧家庭里的很多建筑材料，比如说很多材料可以吸收太阳能，更先进，更节能。瓷砖地砖和墙砖，原来都是用丝网印刷和滚筒印刷制作的，现在95%以上都是大型的打印机打印了。那大型的打印机打印需要什么呢？陶瓷墨水。我们生产的陶瓷墨水占全球份额的35%，而且我们可以做成52种以上的颜色，大家想用什么样图案的瓷砖都能打印得出来，想把自己的人像打在上面也都可以。因为用计算机能设计出来就能打出来了，这个就是先进建筑材料的变化。

　　再说说先进轻纺材料方面。我去年跑了31次越野，有3000多公里，最长距离跑了240公里，70多小时。我跑越野的时候，会穿压缩衣和冲锋衣，这种材料叫什么呢？叫GORE-TEX材料。GORE-TEX材料先进在哪儿呢？既防雨，又防风，还能排出水蒸气，而且先进轻纺材料还能化汗水为能量，不管你穿得多薄多厚，让你的体温永远保持在37℃，这就是材料的进步。

三、关键战略材料

　　关键战略材料是什么？比如刚才说到的涡轮发动机的叶片，有一种就是哈氏合金。其实哈氏合金在各个方面都有应用，它性能非常优异，有良好的抗腐蚀性和热稳定性。还有一种金属更厉害，叫金属锆。锆，刚才我讲到氧化锆，是陶瓷材料，金属锆的耐腐蚀能力更强，但太贵。

　　高性能的分离膜。这个关键战略材料也关乎着电池的进步，也包括未来燃料电池的进步。我们平时所说的塑料瓶，也是类似这些高分子材料做的。现在矿泉水瓶大家觉得挺常见的，也觉得无所谓，大家知道吗？矿泉水瓶里还有些膜技术以及标签技术，很多中国还实现不了。以上这些都说明在材料技术方面，我们还有非常大的进步空间。高性能纤维，比如碳纤维，被叫作"黑色黄金"，飞机上现在用量已经非常大了。如果参加铁人三项比赛，大家有可能骑的是碳纤维自行车。我有一个铁三的朋友，那个碳纤维自行车只有 0.8 千克。不过那个自行车也比较贵，35 万人民币。举这个例子是告诉大家碳纤维已经能做到什么样的程度了。

稀土功能材料的进步。就比如说我现在用的话筒，有个器件叫驻极体，没有这个东西无法形成声音，现在有了稀土功能材料制作的驻极体就可以让声音比以前更美，非常好听。在高端的催化材料里面，就有汽车排气管里所用到的材料。这些材料里有一种叫蜂窝陶瓷，我们是专业做汽车用蜂窝陶瓷中国最大的厂家。但是大家知道吗？我们只占全球份额的 0.45%，我们主要有两个竞争对手，一个是 NGK，一个是康宁。康宁就是刚才说做玻璃屏——康宁大猩猩的康宁，1857 年的公司。另外一个 NGK，大家可能没听说过，他们就是把陶瓷制品在全球发扬光大的公司，在欧洲他们占有部分结构瓷器 70% 左右的市场。这两个公司蜂窝陶瓷占全球份额的 90% 以上，所以大家想想，就排气管里的这么不起眼的一个东西，我们还做不了的。

好，下面说一下第三代半导体，大家说第三代半导体是什么？实现手机真正 5G 的双射的这个晶体材料叫氮化镓，这个材料就是第三代半导体材料。还有一个是用于做芯片的，就是碳化硅，也是第三代半导体材料。所以第三代半导体材料支撑了 5G 和未来物联网的发展。将来大家有机会做这两个材料的时候，就知道这个材料难度有多大了。中国在这些方面还比较落后。

新型显示材料比较好理解，现在 OLED 的出现，包括卷屏的出现，未来手机真的有可能变成卷在手腕上的。大家知道现在还差在哪儿吗？主要在柔性电池上，其他的都解决了。现在柔性电池这个技术还有待进一步攻克，实际上柔性电池现在已能做出样品来，但想低成本批量化生产非常难。但是 OLED 的新型显示材料现在已经能实现了。未来我们怎么看电视呢？直接在窗户上贴一层或者喷一层就行了。

四、前沿新材料

哪些叫前沿新材料？比如 3D 打印材料。我是北航毕业的，学材料科学与工程的，北航材料现在这方面还是比较厉害的。我有一个老师是王院士，是这方面的首席科学家。我爸今年腿骨做手术，就给我爸的骨头用了 3D 打印的材料。确实也很有意思，因为骨骼太特殊和复杂，只能 3D 打印。虽然有的打印周期长一点，但它能做出非常特异的形状。这种东西，有个学名叫增材制造。将来它在各个方面都会有巨大的应用。

智能材料的进步，比如说形状记忆材料和自我修复材料，大家知道吗？我开的那个车，名字叫讴歌。我很喜欢那个车，那个车当年用了一种很特殊的多层油漆，有自我修复功能。有些小划伤等能够自我修复，而它所用的就是修复材料。

家里现在贴的壁纸和刷的墙漆很多也都能够修复，我朋友家书房就用的自我修复的一些材料，确实用了这个东西很有意思。

再给大家举个例子，我跑步时很有意思，也在做研发。我每半小时收取一次我的汗液，取完汗液以后用 ICP 进行测试，对我这汗液里的成分进行研究。一次跑一百公里就会收集几十次汗水进行研究，然后我做成了一个报告。我跟大家讲，人在运动三小时以上就会比较大量地分泌重金属，像镉、铅、镍、锡、钴等。这意味着什么？是在排毒了，所以大家要积极运动三小时以上。如果我讲完课，材料方面大家还没感兴趣，对运动感兴趣也是一种收获。

五、材料成就未来

好，最后我讲讲"材料成就未来"。进口替代材料有巨大的机会，这是我们往好了说。往不好了说，这些材料都是中国做不出来的。所以从这个角度讲，原来中国有这么多领域都很欠缺，但同时巨大的机会也就是在这儿，这也说明材料有很大的发展前景。今年我们做出一个材料，研发了 7 年，是氮化物材料，用到 IGBT 里面，IGBT 也被称为高铁之芯，是大功率半导体，简单地讲就是高铁启动装置，这种材料研发的比较多，但一直无法进行有效的量产，中国一直攻克不了。我们今年稳定量产，并经客户验证合格。这些都是材料的进步带来的。

中国现在有三个比较落后的地方，设计能力、加工能力和材料能力。材料是基础和核心，设计是放大和延展，加工是体现和载体。比如说精密处理的冈野公司，冈野公司人也不多，只有 5 个人，但做了很多世界第一的产品，做什么呢？例如手机小型化得以实现的锂电池盒。最开始全球 70% 都是由他们设计制作的。我去过德国几家企业，也有类似的企业，例如我们手表里面的齿轮轴，那个企业只有三个技师，这个企业的年销售额？近两亿欧元，这就是核心技术。

还有圆珠笔芯。我们国家虽然已经把圆珠笔的笔头问题解决了，但其实笔芯中的油还要进口。我再给大家举个最简单的例子，中国的卷烟设备几乎百分之百进口，以意大利为主，除了这个，烟里面的过滤嘴材料还百分之百进口。所以我们还有很多要提升的地方。

讲个故事，有一个销售员到非洲，发现所有人都不穿鞋，回来就说在这地方没法卖鞋。另一个销售员到非洲却很开心地回来，发现所有人都不穿鞋，说市场空间很大，所以心态很重要。

材料、能源、信息被称为现在社会发展的三大支柱，还债经济是什么？为什么有还债经济？看看环境污染，看看现在这么多糖尿病、三高，所以要回归自然状态，要还债，这就是还债经济。

做好一个材料需要十年磨一剑，应用好一个材料也需要十年磨一剑，所以做好一个材料需要二十年。所以做材料的基本上都是有梦想，讲奉献，为国家为民族的人，只有这样我们才能真正地做好一个材料，让材料成就未来。

现在为了做好这件事，我们也在打造新材料的训练营。我们去年包括前年开了很多这种新材料训练营的课，就是为了让更多的人从事材料，借助更多的人把材料快速地产业化，带来新的科技的进步。当然这些训练营挺难做的，为什么？为了效果要筛选参加训练营的人员，不是所有的人都可以上，我们会根据你从事工作的经历，进行问卷调查，符合要求的，才能参加训练营。因为都是实战内容，所以说你必须要有一定的素养。

我写了一篇文章，名字是《再为中国制造业奋斗30年》。我现在为这件事在打造这样的团队，现在我们这个团队里有11个人，这11个人都和我一样，都有材料复兴梦。我们都希望更好地去做材料，希望通过我们这些人的努力，为中国的制造业再奋斗30年，让中国的材料成就未来，走向世界。

今天讲到这里，谢谢大家。

学生提问1：最近看到无论是高通骁龙还是苹果的A系处理器，都发展到了7纳米，而根据摩尔定律，每18到24个月，相同的性能会翻一倍。但随着纳米级数的下降，量子隧穿效应越来越明显，极有可能导致到达5纳米以后，纳米制程工艺的提升对于芯片本身的能耗带来的提升并不明显。有大学研究利用纳米碳管在硅晶片上建造一个类似于通道的东西，来防止量子隧穿效应，成功使其制成，达到1纳米，但是成本巨大。那么CPU产业以及手机芯片产业之后的工艺制程是否还将继续使用硅作为基础材料呢？

回答：这个问题问得非常好，一看就是一位有科学家潜质的同学。首先，我们所说的7纳米制程，要想实现再往下做是能实现的，但是实现了3纳米并没有达到我们所说的摩尔效应，问题在哪儿呢？因为所说的是用硅的材料由于能耗和工艺已经达到极致了，所以我刚才讲到会出现下一代半导体材料、设计或者工艺来解决以上一些问题，例如第三代半导体材料所用的碳化硅就是解决大功率散热的问题，可以降低能耗50%以上。如果有了碳化硅，从工艺的可能性上能做到更小。但是碳化硅要想做到这点，现在还是很有难度的，所以现在还是应用在一些大功率的器件，而且碳化硅的设计和加工过程比现有的材料难度要大。所以一个半导体的进步不仅是材料的进步，还是材料衍生的所有工艺和设备的一系列进步。我们未来必须要以材料为基础进行研发才能去做好。

第二个，我想和你解释，第三代半导体材料除了碳化硅材料以外，现在还在用一些其他材料，例如说氮化镓。其实第三代半导体后，还有第四代、第五代半导体，这些会随着人类的进步和科技的进步源源不断地出现。我从来不担心能源快用完了，我记得有一次大家说太阳能将来会用完，其实没用完之前人类肯定能发明出人造太阳或者解决以上问题，这是我坚信不疑的。因为到了一定阶段，它就会从量变产生质变。当硅的技术达不到这个科技进步的程度了，当光刻或者刻蚀的技术达不到这个程度了，当量子隧穿效应越来越明显了，就会有一个量变到质变的过程。这是哲学原理，必然会出现。

学生提问 2：现在我们在材料方面与日本的实力相差很大距离，您觉得我们缩短距离，甚至赶超的方式是什么？

回答：这个问题比较大。刚才我没有细致地给大家解释，我们到底落后在哪些方面。中国人很聪明，现在中国给世界的基础研发的贡献率是 36%，比例非常高。从这个角度来讲，我们已经堪称世界第一了。但为什么说还有差距呢？做好一个材料，最后要量产和应用，实际上有多方面的因素。要把一个材料做好，并不仅仅是一个材料的问题，还有设备、工艺、管理的问题。我们自己材料的研发，检测设备很多都是进口的，这就是差距。第二，想把材料做稳定，要扎扎实实地去做。有一次我去听一个报告，那个报告人说我们把一个材料做稳定很容易，一年就做完了。我很快就离开，我认为他不是很明白材料的产业化。为什么？我干了近 20 年材料了，一个材料做稳定至少需要 3 年。为什么是 3 年？第一年春夏秋冬，发现材料不稳定的问题。第二年采取措施，春夏秋冬验证材料问题的各种措施，解决这些问题。第三年验证这些解决措施是否稳定。所以没有 3 年时间是无法确认就把材料做稳定了，我就很奇怪仅仅用一年的数据就能下结论。中国人需要一些匠人精神，比如说，大家在教室里擦桌子，我让你擦一百遍，也没有人监督你，你真的会擦一百遍吗？很难回答吧？很难回答就说明你在想为什么要擦一百遍，十遍就很干净了，然后就开始想怎么去投机取巧，但是你要交给日本人，日本人真的会擦一百遍，不会有任何犹豫，这就是为什么有很多东西我们做不好了。有一次我在日本住宾馆，那个打扫卫生的老太太 70 多岁了，我问她为什么年龄很大了还在工作，她说要自己养活自己，她从袋子里拿出一个杯子，从我们那个马桶里舀出一杯水来喝掉了。只有老一辈的日本人还在执行这个，马桶的水她要打扫到自己认为可以喝的程度。我们马桶的水有谁敢喝吗？连自来水都不敢喝，对不对？日本所有的水龙头打开就能直饮。去过日本的人都知道，因为他们每一步都会扎扎实实地做好。所以中国人不缺聪明才智，而是缺一些匠人精神，只有这样我们才能把材料做好，所以我希望在座的各位同学，将来把聪明才智发挥出来的同时，还要做好匠人精神。一点一滴、一步一个脚印地做好我们的材料，中国的材料才有复兴的那一天。

学生提问 3：今年暑假我做牙齿矫正，碰到的问题就是硬的东西不能吃，要不然牙就会脱落，对牙齿矫正造成影响。那未来材料发展有没有可能对牙齿这方面材料做出改良，让我们硬的东西也能吃呢？

回答：这个有学术名称，叫正畸材料。因为你是成人矫正，现在用透明的那种吃饭还能好一点，要用金属的肯定不行。因为矫正的时候，是有力量的，这个力量日积月累，大概需要 1 到 3 年才能把你的牙矫正过来。但如果你吃饭的那个应力大于矫正的力量，那矫正就会失去作用，牙根就会松动了，有可能根管治疗或者蛀牙就会出问题。未来有没有材料去替代这个东西呢？有，3M 公司就有发明的，但是那种材料现在还有问题，不能百分之百应用，只是部分人部分的牙齿才可能可以用，大部分还用不了。

学生提问 4：我感觉我们这一代人，急于求成，达到日本人擦桌子非要擦一百遍的程度，感觉这辈子都做不到。研发一个材料需要 3 年，我感觉 3 个月都做不下去，您对这方面有什么建议或者有什么想法能够介绍一下？

回答：我从毕业一开始学材料，就不想学。当时我的梦想是天文学家，我是一个天文爱好者，但是我一般不跟别人聊天文，因为几乎很难聊起来，周围很少有人懂天文，一聊起来大家就觉得我是神经病，但是我从小就爱天文。上了大学以后，我阴差阳错学了材料，发觉材料问题太突出了，所以那时候才立志想把材料做好。但是立志的时候也没想到材料这么难。所以我经常讲，下辈子我不选择做材料，但是这辈子我一定要做好。因为材料确实是几十年磨一剑，我认为每个人的潜力都是无极限的，不要看低自己。

1935年，毛泽东写了一段话叫长征精神，走过白天是黑夜路，走过黑夜是白天路，走过天涯还有路，走过绝路再赶路。什么意思呢？想想长征的过程，你没有实现不了的任务。我跑一百公里越野，第一次跑的时候，前十公里靠体力，后九十公里就是靠毅力，跑的时候抱怨，再也不跑了，跑完后说下次还要跑。所以人就是这样有潜力的。

第二个精神叫毛竹精神，竹子前四年只生长三厘米，大家观察一下前四年，它扎根扎得特别广，到了第五年，六周就会长大概十五六米。为什么要讲毛竹精神呢？因为当你扎扎实实做一件事情的时候，量变就会产生质变，全世界所有的事情都有这么个规律。当你面对问题，问题就已经解决了一半了。当你面对困难往前冲的时候，困难就会被排斥走。当你不停地努力，再努力，一直努力到无能为力，努力到感动自己，老天都会帮你。

第三个，我给大家讲一个公式，叫成功的公式，这个公式我在国瓷常提，50+40+10=100，什么意思呢？50就是，当你认可公司的文化，尊重公司的文化就成功了50%。当你下定决心全力以赴破釜沉舟，你就成功了40%。你的能力只占10%，最后达到百分之百。我为什么说这个成功的公式？因为国瓷基本上都是一些工作一年的年轻人，就做出了世界第一的产品。你说他靠学历，靠经验，但很多到了国瓷的人都说，自己没什么本事。我说我用一年时间让你做出世界第一的产品，但是你得相信我。这些人最后就会被我打造成狂热分子和梦想家。所以国瓷的文化是24小时研发的文化，不是从优秀走上卓越，而是让你从卓越走上狂热和梦想。只有这样才能做好，不要贬低自己，更不要不相信自己。第一次你坚持擦十遍，第二次增加到十一遍，第三次增加到十二遍，你只要记住，总有一天你能擦到一百遍。

学生提问5：您的公司对于基础科学的研发，比如教材编写、人才培养等方面，有没有什么比较好的想法？

回答：你能想到这一点，我觉得你是一个爱学习的人，将来肯定在这种思考方面会大有前景，一般被我看中的人都会成功！我们在公司内部有很多公司内部的课程，我的课程叫价值研发。这个课程我要上89天，上3年左右，我们进行很多基础方面的研究，编写自己的教材。其实这些应该是学校研究所在做的，但是有些产业化相关的基础研发中国的学校和研究所做不到，没办法，我们只能自己做，不做不行。因为不用理论来指导实践，不把实践上升到理论，想做好研发和产业化是不可能快速的，也不可能做得好的，所以这些一定要坚持做好。我们现在没有精力了，我们有精力的话，会重新编写一些课本，比如化工原理。化工原理是很多老一辈科学家费了很多心血编写出来的，非常好，但是为什么大家学会化工原理依然不会做产业化呢？是因为它的一些逻辑不对，没有按照产业化的思想逻辑去整理，像我们这么多年的实践理清楚这些逻辑，按照这种逻辑的方式编写，大家就能够更加快速地实现产业化的过程了。

王万良

浙江工业大学

人工智能

王万良，工学博士，教授，博士生导师，2000年享受国务院政府特殊津贴，现任浙江工业大学计算机科学与技术学院院长、软件学院院长、教育部高等学校计算机类专业教学指导委员会委员、浙江省高等学校计算机类专业教学指导委员会副主任、全国高校大数据教育联盟副理事长、中国自动化学会智慧教育专业委员会主任、浙江省计算机学会副理事长、浙江省计算机应用与教育学会副理事长、杭州市计算机学会理事长、杭州市人工智能学会副理事长。主持国家级科技项目十项，省级科技项目十余项。出版专著《生产调度智能算法及其应用》等两部，编著国家级规划教材《自动控制原理》《现代控制工程》《人工智能导论》《物联网控制技术》《人工智能及其应用》等。2008年获国家教学名师奖，2014年入选国家"万人计划"首批教学名师，2016年被授予浙江省杰出教师称号。以第一获奖人获国家教学成果二等奖2项、省部级科技奖8项。

大家好，非常高兴能来到这儿给大家做报告。首先我应该感谢大家给了我这个机会，因为大家想听人工智能，所以才邀请人工智能方面的专家来。其次，要感谢我们同济大学本科生院单院长以及其他领导，还有我的师妹李莉教授，邀请我回母校，真的很激动，很亲切。

实际上我进入人工智能这个领域有一点像水浒传中的"误入白虎堂"。1988年的时候，我参加重庆大学曹长修教授主持的国家"七五"科技攻关项目，这个项目是大型冷库的控制，导师让我找点比较好的算法来解决这个问题，我一想，算法很多，就信心满满，但是后来看了半天，这个不合适，那个也不合适。我算是个好学生，不能说找不着就不找了，所以我就想了一些方法给导师汇报。我说现在很多方法都不适用，他说是的，因为他作为项目负责人当然考虑了这些问题。我就把我的想法给他汇报，他说你这个想法就是现在国际上最前沿的智能控制的思想，你去看一点这方面的资料吧。当然，当年看资料可不像你们现在看资料，电脑一搜索马上哗哗都来了。那时资料很少，也很难找，非得到图书馆一本杂志一本杂志地去翻才能翻到一些。所以，我就这样走上了革命路一条，现在已经30年了。我搞科研和教学比较紧密结合，从事人工智能教学到现在也25年了，出的第一本教材，距离现在应该是第13年了（图1）。今天很高兴和大家分享，以后大家有兴趣可以给我发邮件。

今天这个讲座确实是"高大上"的，我听说汪品先院士都来给大家做报告了，让我很感动，所以我也希望最后一讲能够让大家高兴，让大家信心满满，让大家未来有所方向。

我2000年到英国曼彻斯特大学做访问学者，问别人有什么好玩的地方，他们说曼联你应该去一下，我就去了。去了以后想买一件球衣，我说球衣上印的是谁，大家听了哈哈大笑，说你怎么连贝克汉姆都不知道，一直被他们嘲笑了好几年，大名鼎鼎的球星都不知道。我确实不知道，我对足球不怎么热爱，但是也不能这么差，居然连贝克汉姆我都不知道。那么，现在我要问大家的是：你们知道人工智能吗？如果你们说我不知道人工智能，你现在就跟我当年站在曼联足球场问贝克汉姆是谁一样。人工智能是当代最强劲的潮

图1 王万良教授写的关于人工智能方面的教材

流，是未来最大的期望，所以我们要知道人工智能是什么。

我今天就讲三点。第一，我们要充分认识到，现在已经进入了"人工智能＋"时代，我们要顺应历史，做历史的弄潮儿。第二，跟大家分享一下目前最火的深度学习，这也是直接导致人工智能火起来的最根本的技术。第三，是大家想知道的，既然人工智能这好那好，我怎么来学习人工智能呢？就讲这三点，我想我讲的大家肯定一听就能懂。

一、"人工智能＋"时代

首先，为什么说现在已经进入"人工智能＋"时代了？实际上人工智能不是一个新东西，不是像天外来客突然冒出来的。人工智能什么时候开始的呢？说有人类以来就有了可能夸张一点，但是有历史记载的，比如公元前亚里士多德的三段论到现在还是人工智能的一个最基本的方法。再往后，就是大家熟知的图灵。有人戏称，世界被三个苹果改变了。一个苹果是神话，亚当夏娃偷吃的那个苹果，产生了人类。第二个苹果也近似乎神话，那就是砸在牛顿头上的那个苹果。我到剑桥看了，大家都在那个小苹果树那儿留影。

这个牛顿为什么要坐到苹果树下呢？一个苹果要是掉到我头上，我肯定赶紧拿来吃了算了，但是人家牛顿就发现了万有引力定律，开玩笑啊。牛顿是不是坐在苹果树下发现的万有引力定律不重要，更多的是启迪青少年要勤于动脑筋，不过，牛顿对人类的贡献，那是实实在在的，你看他创立了微积分、力学、天文学等，确实改变了世界，太多了我就不说了。第三个苹果是实实在在的苹果，这就是图灵吃的一个苹果，现在手机后面，苹果被咬掉一块，大家都认为这是纪念图灵的。图灵不仅是伟大的理论家，还是工程师，一个工程实践专家。如果图灵晚去世几十年，世界科技将会向前迈进一大步。当年图灵也重视人工智能，当然人工智能也提出好多争论，图灵说你们不要吵了，看看我的文章，他设计了一个测试（图2）。比如你在一个房间里，另外一个房间里可能是另外一个人，也可能是一台机器。你跟他交流，你搞不清楚他是机器还是人，如果他真的是台机器，你说这台机器有没有智能？这个测试最主要的是想说明，不要管人工智能是怎么产生的，只要是外部表现一样就行。加上"人工"二字就说明它跟人类智慧的产生肯定是不一样的。

那么人工智能真正诞生是从什么时候开始的呢？世界公认的是1956年。自古英雄出少年，这句话不是说说的，当然不是说每个少年都会成为英雄，但是出英雄的概率要比我们这些老先生出英雄的概率大得多。当年几个年轻的小助教，为首的是达特茅斯学院的麦卡锡，利用暑假没事想召开一个讨论会，就向美国政府申请点钱，美国政府一看，觉得不错就批了一点钱。他们开了两个月会，讨论人工智能。大家都在争论，最后会议结束了，麦卡锡说，

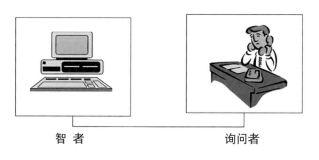

智 者　　　　　　　　　　询问者

图2　图灵设计的关于解释人工智能的测试

我们得给它取个名字，叫"Artificial Intelligence"吧。这次会议其他东西都过时了，就这个名字没过时，现在人工智能火起来了，大家就问当时谁起的这个名字？有人说是麦卡锡，但麦卡锡说不是我提的，我也是在哪儿看来的，但是记不清楚在哪里看到的了。这次会议的学术价值本身不重要，重要的是，这次会议以后，各地成立了很多人工智能研究组织，这样的话，人工智能就从零星的研究变成了有组织的研究，这些人工智能研究小组后来都成为国际上非常知名的人工智能研究团队。

其实，人工智能已经是 20 世纪的三大科学技术成就之一了。大家会问，人工智能已经这么厉害了，为什么说现在才进入"人工智能＋"时代呢？主要有两个原因，一个原因就是相对于以前的人工智能，现在的人工智能在学习能力上取得了重大突破。1997 年，IBM 的深蓝战胜国际象棋特级大师卡斯帕罗夫引起世界轰动。最近 AlphaGo 不是战胜了谁，而是战胜所有的围棋高手。为什么都要把下棋作为人工智能研究对象？下棋相当于生物学里的小白鼠。人工智能研究要具备两条，第一条要足够复杂。如果很简单，还用人工智能干什么？棋就很复杂，各种棋类的复杂性还不一样。一字棋最简单，九的阶乘。西洋跳棋是 10 的 78 次方，国际象棋是 10 的 120 次方，围棋是 10 的 761 次方。可见，围棋确实比其他棋复杂很多。即使国际象棋，假设以最快的速度来处理，把所有的棋局都搜索一遍要一亿亿年，一亿亿年搜索出来还有价值吗？第二条就是错了也没太大关系。弄导弹上去，一错那就是灾难大片了，或者工业生产过程中，一错就可能就造成大事故。下棋的话，错就错了。我们前面讲了，1997 年 IBM 的深蓝以 3.5∶2.5 击败国际象棋特级大师卡斯帕罗夫，全世界为之震惊。比赛结束后记者们都来采访卡斯帕罗夫。他铁青着脸指着电脑说，不要采访我，采访它，我又不是冠军，参访我干嘛。一直到十年以后，人类再也没赢过电脑。那这次 AlphaGo 还和以前不一样。2016 年 3 月，AlphaGo 以 4∶1 战胜韩国棋手李世石，这个"1"不是李世石发挥得好，而是 AlphaGo 犯了一个错误。大家看，这么高级的东西也会犯错误。12 月，因为李世石被打败了，好多围棋高手都不屑，说李世石的棋不行，要让我上场肯定赢。好，到了 12 月，AlphaGo 五天内横扫中日韩棋坛，60 场没一场败绩，谁都不吭气了。2017 年 5 月，AlphaGo 在乌镇跟柯洁下。柯洁说，跟 AlphaGo 下完棋，你会发现以前所谓的围棋理论都是错的。这就像我们看古书，说月亮上有嫦娥、小兔子、吴刚，自从发明了天文望远镜后一看，月亮上其实什么都没有。所以这两次比赛虽然都是电脑赢了，但是具有本质的区别。深蓝是有师傅的，而 AlphaGo 是没有师傅的，人家自学成才，这个能力从机器学习上来讲，是突破性的进展，它自己能够梳理模式，自己学习，所以这一点才是最本质的差别。

现在才进入"人工智能 +"时代的第二个原因，就是人工智能因为机器学习的重大突破，应用更加广泛了。但我认为现在人工智能应用还远远称不上广泛，以后会越来越广泛。凡是运用人脑的地方，都可以运用人工智能。

人工智能现在火了，其实也不是没火过，人工智能已经是"三起两落"了，那会不会出现第三"落"呢？大家关心这个问题，企业家们更关心。同学们是担心学了人工智能以后会没用了，企业家们担心的是大把大把的钱打水漂了。在这里我认为，从技术上讲它不会衰落，理由有三。

第一，现代计算机为人工智能提供了强大的物质基础。从小父母也好，老师也好，都说你聪明是因为你认真学习，实际上这句话也对，也不对。我们聪明，最根本的因素是具有强大的大脑，爹妈给的，这个大脑复杂到宇宙当中只有银河系的复杂性能跟我们的大脑相比。大家不信的话，你天天训练个小狗小猫试试，它能成为大学生吗？它成不了，不是它不刻苦，而是它不具备和你一样的物质基础。当然，具备了物质基础还得学习，不是具备了物质基础就一定聪明了。人工智能要像人一样聪明，也得有一个类似于人脑的物质基础，这就是计算机。说到计算机，我要问大家，世界上第一台电子计算机是谁发明的？很多书上说是美国数学家莫克利（John W. Mauchly）和艾克特（J. Presper Eckert）在 1946 年发明的。实际上这是美国历史上一场著名的公案，打了好多年官司了，最后法院裁定莫克利剽窃了约翰·阿塔纳索夫（John Vincent Atanasoff）的成果。所以以后我们不能犯这种错误了。提到计算机，我们往往就感觉中国这方面比较落后，就像我们芯片还过不了关，其实我们的超级计算机在国际上非常有名。这就相当于虽然我们自己还种不出来小麦，但是我们蒸出的馒头很好吃一样。世界超级计算机五百强排名，2010 年位居榜首的是中国的天河一号，2013 到 2015 年，都是中国的天河二号，它的运算速度不得了。天河二号运算一小时的量，相当于全体中国人民都拿起计算器来计算一千年。所以速度非常厉害，当然存储也非常厉害。2016 年的榜首又是我们中国的神威·太湖之光，但是 2018 年榜首被美国抢走了。不管怎么说，中国在超级计算机方面是世界领先的，这一点也给我们国家发展人工智能技术奠定了基础。

超级计算机的能力对未来确实有很大支撑，但是更强大的还在后面。最有可能出现的，或者说现在已经开始出现了的，就是量子计算机。什么叫量子计算机？就是处理的信息都是量子信息。它的显著特点就是元件很小，小到什么程度？量子计算机的元件是原子级别的。大家都知道原子，但是你看到过原子吗？我反正没看到过，太小了，所以量子计算机的速度快，存储量也大，功耗还低。功耗对计算机很重要，不是怕计算机消耗了太多的电能，而是计算机功耗太大，芯片散热困难，影响计算机的正常运行。就像人打牌时间长了，或者打游戏时间长了，脑子还发热了，那就肯定不能打了，对吧。量子计算机最显著的特征就是适合于并行计算。举个例子，我们走到一个三岔路口，该怎么走呢？这条路先走走看吧，不行，好像不是这条路，然后再拐回来走那条路，挨个走，看哪条路是合适的。但如果孙悟空同样遇到几条路，他会一条条走吗？不会，它从身上拽下几根猴毛，用嘴一吹，好多小猴子就出来了，一个小猴子走一条路，这就是并行计算。量子计算机的原理就是这个，所以它速度很快。

量子计算机一旦出现，大家现在用的台式电脑也好，手提电脑也好，就相当于小组长手里的一把算盘。到那个时候，量子计算机会带来很多好处，很多重大突破，但也会带来一些不好的地方。例如，银行密码麻烦了，我们现在在手机上设一个密码，要想破解还是要花一点时间的，国家的安全密码就更加厉害了。世界上最复杂、最安全的密码，当属 RSA 加密算法，大家可以网上查一下，RSA 多厉害。如果用现在最先进的超级计算机来解密的话，要花 60 万年。60 万年以后把它破解了，早就毫无意义了。但是用量子计算机只需要 3 小时，很快就破解了，所以说信息安全会受到极大挑战。而信息安全对于一个国家来讲特别特别重要。2017 年 5 月 3 日，中科院宣布，中国制造的世界上第一台量子计算机诞生。2017 年 11 月，IBM 宣布成功研制了量子计算机原型机，正在加速商业化。IBM 的特点就是商业化特别快，这边搞出来，那边马上就商业化了。2017 年 10 月 20 日，日本又宣布研制了超高性能的新型量子计算机。2019 年 1 月 8 日，IBM 推出首个为科学和商业设计的通用量子计算机。

还有类脑芯片，这是神经计算机的基础。现在的数字计算机从诞生的第一天起，就有人说这个东西有局限性。因为它跟人脑相差太远，但是数字计算机发展非常快，掩盖了这个缺点。随着计算机的广泛应用，处理的信息越来越多，所以数字电子计算机的弊端越来越突出了。就像道路宽了，车也多了，就出现拥堵。怎么研制类似于人脑的计算机，就是当前计算机发展的一个很重要的方向，也就是类脑芯片。2018 年英国曼彻斯特大学研制了百万级神经元的类脑操作系统。

还有生物计算机。现在都是硅芯片，而生物计算机都是蛋白芯片，比传统的硅芯片体积要小很多，容量却大得惊人。科学家现在最看好的是 DNA 计算机，它几天的计算量就相当于世界上所有计算机的计算量，这个事谁也没有真正统计过，但说明 DNA 计算机的计算是非常非常快的。它的功耗也非常小，只有普通计算机的十亿分之一。当然这离我们还有点远，不像量子计算机那么呼之欲出。

第二个理由，算法的发展。人工智能要有像人一样强大的大脑作为支撑，光有硬件还不行，就像我们光有个大脑，不学习还是不行，所以学习很重要。这就是第二个理由，算法。现在的云计算、大数据、深度学习等，为人工智能发展提供了强大的算法基础，算法才是人工智能的根本。2016 年 2 月我出版了一本中文教材书，这是最早介绍深度神经网络和深度学习的中文书。

第三个理由，大量的资本投入。钱不是万能的，但是没钱是万万不能的。有钱以后，可以大量投入人力物力，不断改进人工智能进行产业化，推动人工智能技术的发展。这一次人工智能高潮和以往最显著的差别是，以往两次都是高校科研院所作为先锋，而这一次真正的先锋不是高校，而是产业界，包括 Google、百度、华为等，当然学术界也在努力研究。但最着急、最投入的还是企业。企业研究跟高校科研院所研究区别比较大。高校科研院所研究主要是促进技术的发展，更多的是一种探索，企业研究当然也促进人工智能发展，也是探索，但不要忘了，企业的最主要目标始终是赚钱。对企业而言，今天不赚钱没问题，明天不赚钱也没问题，但是后天不能不赚钱。凯文·凯利（Kevin Kelly）说，下一个最热的创业机会是人工智能。当然有人说"狼来了"叫了 60 多年了，不断有人说人工智能时代到来了。现在"狼"真的来了，人工智能确实是一个赚钱的最重要的手段了。

人工智能为什么好？实际上人工智能的本质就是硬件问题软件化。比如照相机。照相机从来没有想到过会被手机比下去，彼此都在相互防守。所以现在不是都说，不是同行把你打败的，都是跨界的把你打败的，照相机就是个典型例子。过去的相机又重又贵，为什么又重又贵？因为要得到一个好的图像，主要靠复杂的机械结构和光学镜头。手机里机械和光学结构虽然简单，但有强大的图像处理软件，就像现在自拍，人长得不好看不要紧，但可以美颜一下。同样，手机镜头得到的图像，质量不高没关系，但可以用强大的人工智能软件弥补一下，得到的照片照样很好。所以我前几天刚从新西兰回来，出去都只带个手机，除非那些发烧友们带上笨重的长枪短炮照相机。但是我发现，发烧友们也经常用手机拍，因为嫌那个大块头相机太麻烦了，所以这就是根本。当然反过来，人工智能真正要发展，还要从软件化变成硬件化，这个硬件化不是指复杂的机械和光学结构，而是指集成电路芯片，这样才能真正加速人工智能算法处理过程。

还有一个大家关心的问题，人工智能会不会使许多人失业呢？据预测：21 世纪结束以前，人类现有职业当中的 70% 都可能被智能设备取代，实际上现在已经在逐步取代了。比如说财务经理，没哪个财务经理能算得过电脑的。再比如说医生，医生看病要看片子，看化验结果，现在用电脑软件分析片子，电脑分析准确度很高。再比如说律师，以后大家一般的事情不需要请律师了，手机里就有软件，它知道的法律比律师更加全面，申诉更加不错。

还有新闻记者，现在世界上各大媒体的新闻几乎都有机器人参与撰写。还有我们老师也在被取代。程序员也是，现在就有一门人工智能分支叫作自动程序设计。大家以后不用学编程了，你想当程序员还没机会了，你只要告诉电脑要做什么，电脑自己会编程自动处理。所以从这一点上来讲，人工智能确实会使许多人失业。但是，一方面，所有这些行业都不可能完全被电脑取代，还是要有人进行创新性来研究、制定规则等，另一方面，像其他先进的技术一样，历史上不是说没出现过新技术，大家都失业了吗？18世纪蒸汽机的出现，被马克思誉为第一个原动机，不但没让人失业，反而产生了很多新的行业，包括工艺消费品、战争消费品、服务业等，增加了很多城市产业工人。电气时代增加了大量的就业机会，但是需要的不是低端人才了。20世纪四五十年代，计算机、微电子、航空航天、生物技术的发展，淘汰了很多职业，但是光软件开发目前全球就有两千多万程序员，所以程序员就是潮流。现在进入人工智能时代了，程序员没那么吃香了，吃香的是人工智能工程师，所以现在大量软件工程师正在转型为人工智能工程师。

这是第一部分，我们现在真正进入"人工智能+"时代了，我们要顺应历史潮流。

二、深度学习及其应用

下面我跟大家分享一下深度学习以及它的应用。这好像是一个"高大上"的东西，实际上人工智能一点都不"高大上"。首先，就像人一样，没有知识谈不上智力，谈不上智能。但是电脑不会存储和使用人的知识，所以怎么样把人类的知识形式化，让计算机能够存储、利用，这就是要研究的。还要研究机器感知。人如果看不见，听不见，就很难感知世界。人的视觉很重要，80%以上的信息都是通过视觉得到的，10%是通过听觉得到的，剩下来的10%通过触觉、嗅觉等感知得到。我们研究机器感知，最重要的就是机器思维。我们现在不光要学到知识，还要学到学知识的方法，所以机器学习就尤为重要。还有机器行为，包括表达、走路、说话、画画等行为。大家可能会问，这不跟我们人一样吗？是的，人工智能就是在模拟人的各种功能。

现在的重大突破就是深度学习。深度学习最基本的依据就是诺贝尔医学奖获得者 David H.Hubel 和 Torsten Wiesel 的一个发现，人的视觉系统信息是分级处理的（图3）。比如我们眼睛看东西，最初得到的是像素，然后提取出一些轮廓，但还是看不清楚。然后再把一些轮廓连起来，我就知道这是人了。再看，发现这是女士，那是男士。再继续看，发现这是张三，那是李四，特征越往上越好分类。这就是深度学习的基础。

深度学习是一个大类方法，里面有好多种，现在比较成熟的有受限玻尔兹曼机和卷积神经网络，还有自动编码器，目前最新的生成对抗网络、胶囊

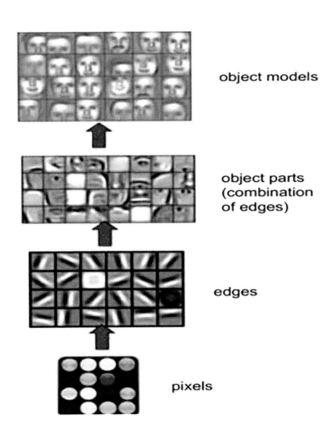

图3　人的视觉系统的信息处理示意图

网络等。前面三个在我这本书里都有了，后面的我的第三版书中还没有，因为它是 2014 年才提出来的。我的一个博士生今年暑假毕业了，现在到另外一所学校做老师，他的研究课题就是生成对抗网络。

生成对抗网络是什么？生成对抗网络包含了生成器和判别器两部分。生成器和判别器在训练过程中起什么作用呢？生成器根据一些随机信号生成一个图片，让判别器去判别这个是真的还是假的，反馈给生成器，使得生成器越生成越逼真，而判别器也越来越提高自己的判别能力。金庸老先生刚去世不久，他发明了好多武功秘籍。其中一个秘籍就是《射雕英雄传》里老顽童周伯通困在桃花岛上，发明了"左右手互搏之术"，左手攻击右手，右手迎战左手，打到最后左右手的功力都增强了，这跟生成对抗网络原理是一样的，所以金庸老先生很厉害，他也没有学过生成对抗网络，但和生成对抗网络原理有异曲同工之妙。

再比如说造假币和验钞机。最早的假币你们可能没听说过，一个人拿彩笔画一张毛爷爷，就糊弄过去了，你说现在还能糊弄过去吗？警察识别不出来，用验钞机一看就识别出来了。随着造假币的人和警察之间的不断博弈，现在造假币的水平越来越高，验钞机的水平也越来越高。这就是生成对抗网络的机理。

现在全世界搞图像处理的，几乎都在研究用深度学习处理。为什么呢？因为深度学习本质上最适用于图像处理。如图像修复，图像上少了一块，生成对抗网络就自动补起来。下雨雪天拍的照，可以变成晴天的。老照片也可以上颜色，包括艺术设计的人都在搞这些。本来艺术家们在苦思冥想，现在不用了，电脑帮你进行各种风格迁移，瞬间就变成另外一种风格，一幅照片瞬间就变成一幅油画了，油画也可以变成照片了。

再跟大家说一些人工智能和深度学习的例子。比如机器人，也是一个高技术产业，兵家必争之地。现在全球最先进的达芬奇手术机器人，和以前的完全不一样，它可以放大很多倍，然后把两根血管很精密地缝合起来，机械不像人的手会抖，它绝对不会抖，这就是智能化。

还有就是医学影像识别，这是我认为在医学当中最有前途的一个方向。

大家都拍过片子，只拿回来一张片子或者两张片子，实际上医院存储的有好多张。我怎么知道呢？我到医院去做检查，和医生一聊起来说现在正在研究医学图像识别，他就把我带到他办公室，把以前拍的片子调出来，实际上每次拍片子都拍了几十张片子，他说我们医生哪怕是自己家里人，也不能看清楚那么多片子，但是机器人可以，它可以发现人没有发现的东西。包括传染病预测，自从有了深度学习，它可以把很多因素考虑起来，能够精准预测。

最早法律机器人跟牛津大学 100 名法律高才生比赛，成绩远好于法律高才生。2018 年初美国法律机器人完胜 20 名律师，包括我们中国的法律机器人"大牛"，完胜 6 名资深律师。

最有趣的是清华大学孙茂松教授团队研制的"九歌"。有一天晚上我在吃晚饭，客厅里电视开着，突然听到机器作诗比赛，我赶紧去看。主持人来命题，找了 5 个诗人上台和一台电脑比赛。把 5 个人和机器人作的诗匿名混在一起，让下面有四五十个评委在投票，投的是他们认为哪一首诗是机器人写的，因为名字都拿掉了，一轮一轮淘汰下去后，最后剩在台上的是一台电脑，那些诗人都被罚下去了。也就是说，机器人写的一些诗词更像人写的。

2018 年 10 月，第五届世界互联网大会在乌镇举行，新华社宣布：首个人工智能主持人正式上岗。你们以后再看新闻，看到电视里的可能压根就不是真正的人，而是计算机生成的虚拟人。他们是怎么生成的呢？比如男主播录一段视频，送到计算机里去，然后计算机自动生成他的演播视频，他的眼神、表情、动作，包括嘴唇和声音都一样，你根本听不出来是计算机生成的。输入一段稿子，它就自动播报了，所以主持人读错字的时代过去了，除非稿子本身有毛病，因为这个主播是机器人。而且可以瞬间切换，你不喜欢他，可以换另外一个人，想听英文就切换成英文，想听德文就切换成德文。

三、学习人工智能

最后我简单说一下，我们初学者怎样来学习人工智能。首先要认识到人工智能人才培养的迫切性。不像其他的专业，很多老师很自豪，说我们走在产业的前面，引领产业的发展。人工智能不行，我们走到了产业发展的后面，产业发展倒逼人工智能人才的培养。中国是这样，国外也是这样。2017年一季度全球人工智能人才数量超过190万。美国占了85万多，印度15万多，英国14万多，加拿大8万多，中国5万多。我认为人工智能高端人才可以靠引进，培养太慢了，但同时高校要加快人工智能人才培养，企业要加快现有技术人员人工的培训，刻不容缓。国外人工智能人才培养，实际上是走在我们前面的。美国斯坦福大学计算机最核心的课程有两门：System 和 AI。我们学校和英国拉夫堡大学建立了十几年的合作关系，每年都有学生过去进行联合培养。拉夫堡大学计算机本科专业有多门人工智能的课程，包括人工智能方法、现代人工智能系统、智能体系统数据挖掘、人工智能项目等。

怎么学人工智能呢？最主要的要注意有几个误区。一个误区，人工智能太深奥了。学任何东西都要找到合适的教材。比如我要了解三国，有人说《三国志》很有名，我语文水平还是不错的，但是《三国志》看起来确实是有点云里雾里。那我找一本《三国演义》看看，就感觉不错，所以要找一本比较合适的教材。像少年儿童，可以先看看《三国演义》连环画。现在很多人有这种思想，说要学人工智能就找世界上最知名的教材看。这是给你这样的初学者写的吗？这不是给你写的，这是给有基础的人写的。我们是初学者，要找适合初学者的教材看。有了一定的了解再看世界上一些知名的人工智能教材。

还有一个误区，人工智能内容太多了，看不完。我说你不会挑一点感兴趣的看看吗？他担心说前面不看后面怎么看得懂呢？我说没关系的，人工智能的很多内容是相互独立的。比如说第一次上课，我问同学们想听什么？他们说想听深度学习，那我就给你讲深度学习，想听进化计算，我就讲进化计算。对于初学者来讲，它们都是独立的，当然到后面他们会有交叉，但要尽快找到你感兴趣的内容。这是人工智能和其他课程不一样的地方。还有人说，我们学了但还不会做。我说这不是很正常吗？你学这么一会儿就都会做了，人家 Google、百度那些企业技术人员搞了那么多年的研究与开发，不是都成神仙了？其实，我们的学习目标最主要的就是遇到复杂问题能想到用人工智能的方法来解决。许多时候想到比做到更重要。第二个目的，是为了以后进一步学习奠定基础。等到上了工作岗位，真的要用到了，你就可以看更深入的书。

还有一个误区，人工智能太理论了，很抽象，比较难学。实际上说反了，人工智能可以很容易地进行工程案例学习，没有哪一个专业找不到案例。我们老师可以把教学和科研紧密结合起来，学生可以把学习和科研紧密结合起来，比如要做一个设计项目，可以把人工智能的元素加进去，就像清华大学的本科生就搞成一个"九歌"，多厉害，多有趣。

最后用两个词来结束我的讲话，一个是云遮雾障，一个是康庄大道。人工智能已经不是云遮雾障了，如果你还是感到看不清，那是你眼睛有问题了，现在人工智能已经走上了产业发展的康庄大道，我们要勇敢走过去，机会多的是。谢谢大家。

学生提问1：教授您好，我看您PPT里用到了《人工智能》这部电影的海报，您为什么用《人工智能》这部电影呢？

回答：主要有两层意思。第一，许多同学听我讲课之前，更多的是从这些电影中接触到人工智能的，感到很神奇，但是听了我讲人工智能以后，希望大家感觉到人工智能并没那么神奇。那是不是人工智能课程就没有意思了？因为以前那些非常神奇的，但那是科幻，那是随便想想的，现在我讲的是科技，是要能够实现的。第二，人工智能技术不仅是作为一个技术，是工程技术人员需要学习的，实际上还包括艺术、文学，都应该了解一点。这样的话，有一个很强的想象力，能助力我们进一步创作，所以有时候跨界很重要。学文学的人也千万不要老想着，我们就学那些历史文学名著，学一点人工智能的知识也有好处。

学生提问2：您认为人工智能未来会像电影《终结者》那样，出现一个强人工智能，最后把人类赶尽杀绝吗？

回答：现在考虑这个问题太早了，尽管好多书上说可能会出现，但真正搞人工智能的人几乎是没有这种担心的，这就像我们现在担心地球哪天会爆炸一样。其次，好多动物我们都打不过，但最后动物一样会被你打败，为什么？因为人可以借助于工具。类似的，人可以利用开发出来的人工智能工具来对付人工智能。比如说要跟机器下围棋，我也可以带一个人工智能机器作为助理，叫机器先给我下下看怎么走，然后我再来判别。所以大家注意，人与动物的区别是使用工具，人工智能也会成为我们的一个工具。当然我一说网上肯定有很多人拍砖的，我是工科男，可能这个更实在一点，尤其是搞人工智能的，当你们学了人工智能以后，就会发现人工智能真的很傻，但它毕竟是科技。

学生提问 3：人工智能可以在一定程度上代替人做事，刚才您也说人工智能有时候看着很傻，那将来有没有一天人工智能可以代替人去思考，甚至代替人去创新？

回答：可以的，但是现在这种人工智能的思考远远不及机器学习。思考有几种方式，逻辑思维现在人工智能做得很好，但是形象思维差一点，灵感思维就更差了，还几乎谈不上灵感思维。